摆脱审美贫困
中国乡村美学研究

陈 冬 ◎ 著

云南美术出版社

图书在版编目（CIP）数据

摆脱审美贫困：中国乡村美学研究 / 陈冬著.
昆明：云南美术出版社, 2024. 7. -- ISBN 978-7-5489-5794-2

Ⅰ. B834.3

中国国家版本馆CIP数据核字第20242FT988号

责任编辑：方　帆
责任校对：金　伟　赵昇宝
封面设计：方　悦

摆脱审美贫困：中国乡村美学研究
陈冬　著

出版发行：云南美术出版社（昆明市环城西路609号）
印　　刷：武汉市籍缘印刷厂
开　　本：880mm×1230mm　　1/32
印　　张：11.75
字　　数：205千
版　　次：2024年7月第1版
印　　次：2024年7月第1次印刷
书　　号：ISBN 978-7-5489-5794-2
定　　价：68.00元

目录

绪　论 …………………………………………… 001

一、缘起和意义 ………………………………… 005

二、现状及评述 ………………………………… 010

　（一）国内相关研究的学术史梳理及研究动态 …… 010

　（二）国外相关研究的学术史梳理及研究动态 …… 013

三、审美贫困的发生：条件、能力和机会 ……… 015

　（一）条件：客观的和谐、匀称等形式 ………… 018

　（二）能力：主体审美的能力 …………………… 022

　（三）机会：主客同构的审美可能性 …………… 027

四、审美贫困的标准：动态指标 ………………… 032

　（一）不符合和谐的适当性尺度 ………………… 033

　（二）不符合形象的情感性尺度 ………………… 035

　（三）不符合规律的目的性尺度 ………………… 037

　（四）不符合自由的超越性尺度 ………………… 040

（五）不符合秩序的创造性尺度 ………………… 043
　　（六）不符合理想的价值性尺度 ………………… 045

五、思路和方法 …………………………………………… 048
　　（一）以民族审美精神为基本底色 ……………… 048
　　（二）以乡村振兴战略为基本视角 ……………… 051
　　（三）勾勒古典诗画中的乡土中国 ……………… 053

六、价值和目的 …………………………………………… 055

第一章　理想性·神秘性·现实性：美丽乡村的三重图景　057

第一节　美丽乡村的理想境界 …………………… 059
　　一、生产标准与乡村审美理想 …………………… 059
　　二、乡村审美理想的传统镜像 …………………… 065
　　三、乡村审美理想的人学意涵 …………………… 072

第二节　美丽乡村的神秘境界 …………………… 079
　　一、天人合一的魅力 ……………………………… 080
　　二、资本祛魅神秘性 ……………………………… 085
　　三、走向复魅的可能 ……………………………… 092

第三节　美丽乡村的现实图景……………………… 099
　　一、基于传统乡村文化的图景………………… 100
　　二、基于科学理论框引的图景………………… 103
　　三、基于自由实践活动的图景………………… 105

第二章　审美贫困的传统命理逻辑……………… 109

第一节　宗法宿命：乡村建设的政教逻辑………… 111
　　一、宗法社会的比德思想……………………… 112
　　二、宗法社会的君子精神……………………… 118
　　三、政教逻辑下乡村建设……………………… 123

第二节　产业逻辑：乡村生存和发展的命运……… 129
　　一、特殊的自然地理环境……………………… 130
　　二、宗法族群的聚居模式……………………… 132
　　三、宗法乡村的生产方式……………………… 136

第三节　文化命理：乡村宗法文化逻辑…………… 143
　　一、忽视生产方式的变革……………………… 144
　　二、崇尚血缘等级的秩序……………………… 150
　　三、迟滞的科学文化普及……………………… 155

第三章　重塑审美理想：美丽乡村文化原型……… 161

第一节　道法自然的文化原型………………… 163
一、道法自然的人生论哲学…………………… 163
二、从道法自然到无为政治…………………… 172
三、无为政治下的乡村原型…………………… 181

第二节　桃源深处有人家……………………… 186
一、桃源与文化符号…………………………… 186
二、桃源与人文理想…………………………… 191
三、桃源与人文觉醒…………………………… 195

第三节　重塑乡村审美理想…………………… 200
一、重塑乡村人格理想………………………… 201
二、重塑乡村文化理想………………………… 205
三、重塑"美美与共"乡村理想……………… 209

第四章　摆脱审美贫困：乡村建设的人学机缘…… 213

第一节　守望与传承乡土情怀………………… 215
一、千年守望乡土的情怀……………………… 215
二、乡村审美的阶层流动……………………… 221

三、审美生活守望与更新………………………… 227

第二节　摆脱审美贫困的人学契机………………… 236
　　一、宗法社会对人精神世界的关照……………… 238
　　二、基于人生问题的精神文化建设……………… 246
　　三、基于人生问题的乡村文化自觉……………… 252

第三节　宗法民本思想的时代局限………………… 262
　　一、基于宗法意识形态的体制局限……………… 262
　　二、基于宗法人生理念的思想局限……………… 267
　　三、士绅阶层民本理念执行的局限……………… 277

第五章　建设美丽乡村的理路与实践……………… 281

第一节　改革开放以来乡村审美镜像……………… 284
　　一、城乡分立阶段的村落镜像…………………… 284
　　二、城乡统筹阶段的审美转向…………………… 287
　　三、城乡融合阶段的审美升级…………………… 295

第二节　建设美丽乡村的基本理路………………… 305
　　一、尊重人的需求自由…………………………… 306
　　二、维护人的劳动自由…………………………… 313
　　三、遵循人的感性自由…………………………… 317

第三节 基于中华美学精神的美丽乡村实践路径…… 324
　　一、乡村产业的发展路径……………………… 325
　　二、自然生态的维护路径……………………… 336
　　三、人居环境的美化路径……………………… 342
　　四、乡村文化的建设路径……………………… 349
　　五、美好生活的实现路径……………………… 356

结语……………………………………………… 360

后记……………………………………………… 362

绪 论

如何让我们乡村生活环境更美？如何让广大普通老百姓摆脱物质贫困的同时，也摆脱审美上的贫困？如何让物质富裕与精神富裕协同发展？新时代乡村振兴战略是否能够以前所未有的力度强力推进？这是很多乡村人的时代之问。可以说，建设美丽中国、美丽乡村，是事关民族伟大复兴的重要实践问题之一。新时代党和国家提出实施乡村振兴战略，总体要求是产业兴旺、生态宜居、乡风文明、治理有效、生活富裕，可说是建设美丽乡村的伟大号角，也是农业国家长久以来的心声、心愿。重大战略的布局是时代社会发展的迫切要求，也是乡村建设自身的内在需求。面对百年变局的发展机遇，中华民族不懈耕耘，努力奋斗，为美好生活而努力开拓，需要在马克思主义及其美学思想指导下，科学合理地推进美丽乡村建设和发展。

有几千年农业发展史的中华民族，发展和繁荣农业、农村、农民的事业，是非常重要的伟大历史实践。建设美丽中国，重点和难点都在建设美丽乡村这点上。我们完成脱贫攻坚之后，进入全面建设小康社会阶段，新时代乡村振兴战略的伟大部署，为建设美丽乡村提供了全局性的指导和安排。建设美丽乡村，是新时代乡村振兴的应有之义。什么是乡村呢？乡村是具有自然、社会、经济特征的地域综合体，兼具生产、生活、生态、文化等多重功能，与城镇互促互进、共生共存，共同构成人类活动的主要空间。乡村可以说是国家、民族兴亡的重要驱动能，兴则国兴，衰则国废。当下我国主要矛盾已经转移为人民日益增长的美好生活需要和不平衡不充分的发展之间的矛盾，这种矛盾在广大农村地区表现得特别明显，在很多农村地区特别突出，需要着重解决。我国要全面建成小康社会，要建设社会主义现代化强国，其中最艰巨、最困难的工作就是在乡村。把乡村建设好，是民族复兴的必然要求。乡村拥有最为广泛的群众基础，拥有最大的发展潜力和后劲，乡村振兴是民族复兴的必然之义。可知美丽乡村建设在将来很长一段时间内，都是非常重要的时代任务，美丽乡村建设的话题永不过时，时谈时新。

当然，不可忽略的事实是，当下乡村建设进程中，也存在各种潜在风险和紧迫问题。作为农业大国，粮食安全、耕地红线以及乡村空心化等问题，在大规模城市化发展过程中显得异常扎眼。乡村建设不是短期能够实现的，也非城市建设的现成发展路径，而是自有其生成逻辑和发展路径。如资本下乡等情况，也会出现资源过度掠夺和盲目扩张等短期行为。城市建设中原本依靠房地产与资本融合模式的旧城改造和新城建设等一蹴而就的发展路径，在美丽乡村建设中似乎是行不通的。而且，美丽乡村建设，如何理解"美"字，也是非常紧要的学问，外在美？还是内在美？产业美？还是乡风美？如何在马克思主义理论指导下建设美丽乡村，是需要进行科学探讨的。

找准建设美丽乡村的问题关键，在于紧抓其核心风险。于是，本研究聚焦当下乡村建设中审美的贫困问题。什么是审美的贫困呢？其是审美和美的贫乏或缺失的状态。现实中，由于缺乏科学的美学理论指导，或者相关的精神或理论储备不够，在当下乡村建设实践中，建设了一个设施齐全、干净整洁、物质充裕的物理世界，是趋于现实需求的硬件工作，而且当下在乡村建设工作者尽心尽力的实干努力下，做得还是相当不错的。但是，美丽乡村建设工作是异常复杂的体系性工作，外在性增强同时不能削弱内在性，乡村建设融入精神或情感内涵、意义，以创造一个深层次交融互通的栖居世界，这方面的功夫还有待加强。可以说，解决审美的贫困问题，是关乎人类文化理想和精神家园的重大课题，是对美好生活向往和追求的最佳回应，可说是内外融通综合美丽建设工程。在乡村振兴战略背景下，新一轮乡村规划、设计和改造正在进行，造出画意乡村、诗境家园，富有乡愁的味道，是建设美丽乡村以实现文化振兴的应有之义。

但从掌握的研究成果和实践情况来看，学界和实际工作者对乡村建设的探讨，多停留在技术性、实用性、外观物理性层面上，对马克思主义美学乡村精神内涵和实践方面的研究重视程度不够，为本项目预留了研究空间。

一、缘起和意义

现代很多人还难以理解马克思所论述的劳动成为人的第一需要，面临城市快节奏生活的逼迫，似乎谋生、谋食还是很多人的核心需要和人生价值。人的自由发展、自由劳动，对很多人来说，还停留在理论层面，甚至这方面的探讨声音也不多。于是，有益的思考和实践探讨是必要的。面对现实世界的物质困境和精神枷锁，以及资本无所不在的勒索和挤压，人们身体上和心灵上的自由、美好，是需要环境和机缘的刺激才能短暂获取。于是，不断思考的人们会问，为什么美丽乡村的"美"能够让人轻松适意？能够成为精神家园呢？为什么出去旅游、出去走走能让人放松惬意呢？面对这些问题，答案很多的，但能够说服人的，还是需从"美"这个关键字眼上来解答。

简单来说，"美"能够克服人与这个世界的疏远关系。

每个人是在寻找各自生存和发展的安全感，如叔本华所言，每个人生而具有的绝对意志，就是在满足着自己的各种欲望和需求，从生到死，从"欲"而终。人需要与生存和发展的物质世界建立一种依存、温暖而和谐的关系，即使此岸世界这种依存关系始终是一种人与之对立的矛盾关系。如，不断地索取和征服导致的人与自然的对立，也始终希望能够与之统一。只有实现了人与物质世界的统一，似乎才能克服人先天而来的与世界的疏离、排斥。从古至今，皆是如此。中国古人早有"天人合一"的文化思维习惯，这是古人在不断寻找生存和发展中，遗留下来的宝贵民族精神财富。今天，科学技术已然相当发达，神秘主义和宗教神学的面纱徐徐揭开，对于物理世界的探索，已经深入到量子甚至更微观的世界，似乎这个物质世界不再神秘了。但是，科技和工业文明始终无法靠近人的终极追求和精神终极关怀。形而上的追求是人类文明的本性。人总要去世的，世界总不是对每个人都温柔相待的。人们仍然有靠近自然宿命的渴望，仍然有形而上的超越冲动。总与世界冲突的人们，片刻间似乎也会觉得理性主义的道路似乎走不通，唯有"美"的冲动，能够实现超越性精神追求。

美的感受有类似神性的感受，所以美的感受让人神往。主体性得到极大提升的现代人，往往有强烈审美冲动和艺术需求,或者说神性的完善和完成。这种来自主体精神的需求,实际上就是渴望精神家园能够与物质家园同一。物质家园有条件地满足人们生存或温饱上的需要,在特定条件下满足人们的物理需求。即使如此,人们并不满足,物质需求的满足后,还有形而上的需求,其中就有审美或艺术上的需求。或者说有限世界的相对需求满足后,人们总是会有无限的、超越的绝对性精神需求。有限世界中的各种因果律、时空律的制约和限制,让人们总是感觉到各种规律、自然律的束缚和压迫。人们总是渴望逃离这种压迫,唯有在无限世界中实现。在精神家园中,可以暂时实现与无限世界的接近。于是,可以理解,人们有接近美丽世界或无限世界欲望和冲动。这都是需要环境刺激和机缘际会的。谈到机缘际会,如杜甫感受到"无边落木萧萧下,不尽长江滚滚来"[1],这是真正感受到人生的自由的,是与无限世界接近的时候,是突破现实束缚而真正走入美的境界中来的。

理论上探讨是寻找战略方向,而争抢实干的建设和发展,才需要人类一小步、一小步地推进。社会主义中国把人的自由、美好当作追求的目标和方向。建设美丽乡村的"美",需要摆脱审美贫困。当下广大乡村一座座

---

[1] 仇兆鳌注:《杜诗详注》,北京:中华书局,1999年版,第1766页。

砖混结构小洋楼既无传统特色，也谈不上美，凋敝而杂乱的人居环境缺少合乎自然规律的统筹和规划，审美的贫困问题是建设美丽中国、美丽乡村长期痛点之一。改革开放四十多年来，"我国基本实现了小康社会，正在向全面建成小康社会迈进，经济发展成就举世瞩目"[①]。桴鼓相应，精神上的超越性"美"的需求也出现了。随着工业化、信息化以及城镇化的持续推进，中国广大农村又一次次在重大战略部署中发生机体嬗变，"美"随着时代而发生。但由于长期的历史原因，农村地区发展不平衡、不充分问题仍然存在。在社会化集中生产的时代格局下，大量农村有为青年涌向城市，农村的物质自然环境、生产方式、社会和人口被彻底重组。可以说，"人们的精神价值观念也相应转变。由礼俗礼节、乡贤尊孝、农耕技艺等基因构成的乡村文化在外来文化的冲击下碎片化瓦解，许多地方出现乡村凋落、乡土文化凋敝的窘境"[②]。

建设美丽中国是新时代的重要目标之一，在马克思主义理论指引下，"美"的建设具有重大的历史意义。党

[①] 刘伟:《新时代中国经济发展的逻辑》，《中国社会科学》，2018年第9期，第16-25页。

[②] 高静，王志章:《改革开放40年：中国乡村文化的变迁逻辑、振兴路径与制度构建》，《农业经济问题》，2019年第3期，第49-60页。

的十九届四中全会提出,"坚定走生产发展、生活富裕、生态良好的文明发展道路,建设美丽中国"。中国要美,农村必美。2019年中央农村工作会议要求改善农村居住环境,让农村成为农民安居乐业的美丽家园。对于美丽乡村建设,党和国家顺应时代要求,以乡村振兴的战略路径,统筹布局全面振兴。从马克思主义美学意义上理解,美丽乡村是个广义的概念,不仅指农村的生态和环境"美丽",而且包括农村场域内人、社会、文化、经济等方面的"美丽"[1]。"美丽"当然涵养马克思主义理论指导下的中华美学精神。目前,乡村建设中有内涵意蕴、情感贫瘠的风险,要摆脱审美的贫困,增强内在涵养和美学气韵,需顺应马克思主义美的规律,以实现人与社会的高质量发展。

今日中国之乡村发生的一切衣食住行等事件,无不与整个国家、民族命运紧密牵连在一起。当无数的中国人回到乡村、寻找根脉的时候,乡村的话题总是最引人关注的。乡村振兴是实现中华民族伟大复兴的重大任务,大多数中国人的命运在乡村,全面走向小康社会,乡村的审美精神文化需求越来越多,对审美贫困问题的研究就显得越来越有意义了。

---

[1] 韩喜平,孙贺:《美丽乡村建设的定位、误区及推进思路》,《经济纵横》,2016年第1期,第87—90页。

二、现状及评述

（一）国内相关研究的学术史梳理及研究动态

美丽乡村建设中比较突出的审美贫困问题，很少有人关注；而以马克思主义美学来研究美丽乡村建设，由于跨学科的关系，则相关的理论文献也是比较少的。国内的研究，主要集中在两个方面：一方面是倾向于理论分析和探讨，另一方面是倾向于现实的建设策略和具体的举措。

首先，就倾向于理论分析方面，马克思主义相关的理论是绕不开的话题。其中，最主要就是马克思的生态观念对美丽乡村建设的影响。聂沉香《马克思主义生态文明视域下美丽乡村建设研究》介绍了马克思生态文明的内涵，通过分析马克思主义的指导意义和美丽乡村的建设现状，详细讨论落实乡村发展的有效途径。徐宁伟等人的《马克思主义自然观与生态文明视角下的美丽乡村建设》指出，马克思主义自然观强调人要顺应自然界的客观规律而发展，对于美丽乡村建设，应从资源、文化、产业、政策等方面采取措施，优化乡村生态环境、促进形成生态文化、加速生态产业融合、完善生态保护制度，从而推进生态文明及美丽乡村建设。魏世友《美丽乡村建设的生态现代化路径探析》指出美丽乡村建设应该在习近平生态文明思想指导下，探索生态现代化理论与美丽乡村建设实践结合路径，开辟美丽乡村建设的新路。王传发《美丽乡村建设的逻辑理路》指出，马克思批判资本主义城乡关系并对未来城乡发展做了预见，为今日我国构建和谐城乡关系提供了理论资源和思想启示。还有对审美文化贫困进行理论探讨的文章，如李万武的《审美文化的文化贫困》中提出审美文化一味模仿西方"先锋""前卫"时髦等后现代主义，是审美文化上的贫困；并支持马克思主义是真正的审美文化，是合目的性与合规律性的统一，是人的本质及其生存和发展规律的揭示。另外还有就生态美学的理论分析，来谈乡村建设。黄焱、汪振城研究的项目"乡村聚落语境下的生态美学实证研究"，提到生态美学的概念与范畴界定，揭示了生态美学包含的实体层、价值层、美学层三个层面，并提出了生态美学的审美三阶段——前生态审美、分析审美、生态审美。周春媚研究的项目"基于传统建筑美学的广西乡村生态建设研究"，也提出生态美学作为跨学科的研究，对乡村建设有重要启示意义。

其次，倾向于美丽乡村建设策略和具体举措的相关研究。类似研究非常多，不一而足。王卫星的《美丽乡村建设：现状与对策》提出，美丽乡村建设存在诸如认识不够、思想不统一、组织协调难、轻规划重建设、市场机制不足等问题，需要处理好政府与农民、与市场、与社会的关系，搞好财政奖补以及软件建设等方面。吴理财、吴孔凡的《美丽乡村建设四种模式及比较——基于安吉、永嘉、高淳、江宁四地的调查》，四种模式是"政府主导、社会参与，规划引领、项目推进，产业支撑，乡村经营"，并指出，美丽乡村建设不是给外人观赏的，更不能仅仅以城市人休闲旅游养生为目的，美丽乡村建设的最终目的是让生活在本地的农民提升幸福指数。安显楼的《美丽乡村视域下传统村落景观改造策略研究》一文，提出传统村落的景观改造是非常关键的农村新业态，总结出传统村落景观改造应该遵循保护为主、整体协调、提升色彩、空间美学等原则，提出融合产业兴旺、生态宜居、乡风文明等理念的改造策略，注重艺术体验和审美追求，以留住乡愁实现可持续发展等策略。江凌《艺术介入乡村建设、促进地方创生的理论进路与实践省思》提出艺术介入乡村文化建设、艺术与乡村现代化建设的融合是新策略，认为需要树立地方意识，重振乡村特色文化；挖掘在地性文化，构建地方艺术场景；艺术融合乡村文旅产业，提升艺术创新活力；赋权地方居民主体，实现村民自治；优化乡村治理结构，推进各方协同共建；培育与引进乡村艺术人才，提升村民艺术素养。

类似研究的成果，还有强调乡土文化等遗产与乡村建设的理论关系，强调以文化赋能；以审美文化与乡村建设的学理关系，强调审美文化促使人的自由全面发展；以旅游景观设计发展乡村旅游、民宿等产业，增强美学体验；以非遗传统技艺、民间艺术介入乡村振兴；以艺术品产业带动审美经济发展，提出"艺术乡建"的路径；以艺术活动介入美丽乡村建设，建立乡村区域艺术体系，塑造振兴乡村的品牌愿景；借助新媒体信息技术途径；借鉴海外经验，如日本、韩国对非遗产品的开发、利用和保护等举措。

最后，以上的两方面研究，虽然都从各个层面分析和探讨了美丽乡村建设中存在的各种问题和弊病，研究的深度和广度都达到了前所未有的水平。尤其是马克思主义生态思想对乡村建设的意义，对本项研究具有参考意义。但以上研究，都很少提到摆脱审美贫困问题，更没有从这个问题出发，提出马克思主义中国乡村美学的建设方向等问题。本项研究的跨学科性质和融合两方面的倾向，拓展出新的研究空间和可能。

（二）国外相关研究的学术史梳理及研究动态

国外研究聚焦乡村保护和发展话题。美国学

者 Stephen Birdsall 研究全球化背景下乡村遗产的保护问题（The Heritage Turn in Rural Milieu: Using Heritage Preservation to Sustain the Local in a Globalized World.2012）；日本学者藤本穰彦对法国和日本最美乡村比较分析，聚焦两个地区自给自足的农业发展模式（A Study on Rural Social Development Methods on Regional Self-sufficiency Region of Agriculture and Food - Comparison between Japan and France of 'The Most Beautiful Village'.2018）。由于国情差异太多，类似研究较少关注乡村建设中的审美贫困问题。

综上，学界和实际工作者在当下乡村建设中的审美研究方面成果日益增多，呈现出向精细化发展的倾向，特别是以生态美学、环境美学阐释乡村建设的本质和内涵，为本项目的开展提供了借鉴和参考。但是，这些成果研究范式多是从如何建设视角切入，以实然路径展开，理路是谈问题、讲对策，很少有从马克思主义应然层面即实然现象背后本质属性、内在发展规律去探讨问题。本项目正是从马克思主义美学关于人的发展理论出发，分析乡村审美的贫困本质，从其理论逻辑、历史逻辑以及对策路径出发，着重回答三个问题：当下乡村建设中审美贫困本质是什么？为什么出现？如何终结？

三、审美贫困的发生：条件、能力和机会

美丽乡村建设有其独立的发展逻辑，不能走城市化旧模式，让农村不像农村，以致负外部性效应凸显。换句话说，"乡村振兴既要塑形，也要铸魂"[1]，就是要让每个乡村有自己的独特的风神气度，有灵魂、有温度、有感情。农村全面发展过程，就好比是一个生命体，不仅要结实健康，机体新陈代谢正常，还要看这个生命体是否有风神气度。这就关乎审美的贫困话题。建设美丽乡村，本是现实策略或实质性目标，但为论述方便，必须对中国乡村审美贫困的本质内涵或发生机制进行剖析，以明确范围和实质。

审美的贫困有深邃的意涵。古今中外很多哲人对"审美"作了精彩的阐释，诸如趣味的判断、理念的投射、直观的感性认识、意象或意境等。审美的贫困主要是指审美的丧失，特别是指失去感知美的条件、能力和生成机会。审美是个人与世界对象化关系中构造的自由链接，构筑愉悦的情感联系，而审美的贫困是审美愉悦的营养缺失症。围绕乡村振兴战略思考，对美丽乡村建设中审

---

[1] 任映红:《乡村振兴战略中传统村落文化活化发展的几点思考》，《毛泽东邓小平理论研究》，2019年第三期，第34-39页。

美的贫困的认知，侧重于改造客观现实的意义分析。光建设一个繁华世界远远不够，即使乡村万丈高楼平地起，仍脱离不了审美的贫困。摆脱审美的贫困，不仅关乎物理世界的建设和装点，还是自由精神的呵护和养成，关怀人类的自由发展和最高社会理想的实现。当前，中国乡村审美的贫困，主要是指审美主体的审美感知力的欠缺、审美意识的麻木或审美趣味的低下等本质力量太弱的原因，导致美丽村落建设过程中，仅注重基础物质条件的建设的浅层基本需求，外在性增强忽略了内在性，或说忽视了村落作为一个意义世界、价值世界，才能让人宁静自在、安居乐业。

马克思认为，人脱离其动物属性，具有更多社会属性，物质生产劳动起到了非常关键的作用。在自由劳动过程中，会产生感性的、审美的情感。审美贫困主要是指审美情感的丧失，特别是指失去感知美的能力和机会。审美情感意指个人与世界在彼此实现过程中，构筑起自由的、纯粹的、获得愉悦的情感联系。可以说，审美贫困就是人的精神贫困或本质力量的贫困，如同物质条件的欠缺一样。其中，既有审美条件不具备、主体能力低下的原因，也由于审美机会的缺失。简单说，审美贫穷包含三个不足：条件、能力和机会。

王国维说过，物质经济上的贫困短时间都可以解决，而审美上的贫困，则需要上百年的修复，并持续赋予美的情感给养。可知主体本质能力的提升，是百年树人的巨大工程。"审美是一种人性的塑造，是对现实感性生存方式的僭越，而审美与幸福则是一种共生关系，幸福的获得一定建立在审美经验的基础之上，而获得美的情感体验一定会带给个体幸福的心理感受。"[1] 这是关乎人性、幸福的重要话题，从马克思主义美学来理解审美贫困，则更是关于人的自由成长、发展，关乎社会最高理想的实现。但是，实际操作层面，"不少基层政府对传统村落的规划保护开发更看重其中蕴含的旅游开发的'经济利益'和文化产业的'商机'，普遍缺乏对传统村落文化活化发展的重视，对生产方式、生活方式、非物质文化遗产的保护传承明显不足，对村庄历史文化传统的挖掘、民风民俗的传承、乡村治理秩序的延续、村庄居民的情感体悟等方面重视不够，以致出现村落物质生产兴盛而精神气质衰落、文化空心化和虚无化、村民文化体验边缘化等问题，消减了村落凝聚力，影响乡村的可持续发展。"[2] 对乡村精神软文化建设的忽略，让乡村建设只停留

---

[1] 滕飞：《幸福生活的美学建构——论马克思的审美逻辑及其价值旨向》，《中华文化论坛》，2017年第11期，第75—79页。

[2] 任映红：《乡村振兴战略中传统村落文化活化发展的几点思考》，《毛泽东邓小平理论研究》，2019年第三期，第34—39页。

在物理层面，而更重要的是，短期行为忽视了人的审美素养的发展，将会导致美丽乡村建设走不少弯路。

当下中国乡村审美贫穷的发生，有其特定的社会历史原因，但概括来说，离不开客观的条件、能力和机会的欠缺。为深入地理解审美贫困的发生机理，需要对其各方面进行解释说明。

（一）条件：客观的和谐、匀称等形式

中国乡村审美的贫困之所以出现，条件的匮乏是重要原因之一。马克思说过，"人靠自然界生活。这就是说，自然界是人为了不致死亡而必须与之处于持续不断的交互作用过程的、人的身体。所谓人的肉体生活和精神生活同自然界相联系，也就等于说自然界同自身相联系，因为人是自然界的一部分"。[①] 于是，人们总是容易把注意力集中在显性的物质条件上，任何乡村建设和发展，都是以此为出发点。审美的贫困的最大归因，"无辜"地集中在了人化的自然物质条件上。如果细加归纳，可以从存量因素和增量因素两方面来分析下致贫原因。

---

① [德]卡尔·马克思，[德]弗里德里希·恩格斯:《马克思恩格斯全集》，第42卷，北京：人民出版社，1979年版，第95页。

1. 存量因素

似乎美的事物，往往与和谐、富裕、美好、合理、生态等联系在一起。古希腊毕达哥拉斯学派以数学上的秩序和比例作为美。但马克思认为，审美的发生离不开审美对象的客观属性，"金银不只是消极意义上的剩余的、即没有也可以过得去的东西，而且它们的美学属性使它们成为满足奢侈、装饰、华丽、炫耀等需要的天然材料。""色彩的感觉是一般美感中最大众化的形式"①。这都说明美是离不开"人化自然"物质条件的。

中国地大物博，南北东西的村落，先天差异极大，考察其禀赋和条件，则可以从如下六个方面来评估：（1）自然生态环境；（2）社会文化环境；（3）公共设施环境；（4）社会治理环境；（5）产业发展环境；（6）社区家居环境。如上基本囊括了中国农村的客观物质条件的全部内容。存量条件主要是村落的自然天赋条件，是现有的、已存的客观物质条件。每个地区、每个村落的存量条件都不一样，有河流美、青山美、湖水美，还有大漠美，有静谧的世外桃源，也有拥挤的矿区村落，有杂乱无序的城乡接合部，也有寂寞无人的山外孤村，有热闹非凡的江

---

① [德]卡尔·马克思，[德]弗里德里希·恩格斯：《马克思恩格斯全集》，第13卷，北京：人民出版社，1979年版，第145页。

河渔村，也有孤烟直立的大漠小镇，天南地北的各种村落，既是各丑其丑，也各美其美，这都是一切"人化自然"审美情感发生的基础。

一般来说，审美贫困的发生，与该地区的自然资源禀赋是很有关系的。自然地理环境以及人文环境，是审美发生的最基本存量物质条件。有不少村落，先天的禀赋条件特别好，很容易就发展其自己的审美风格，而绝大多数村落，四处散落的民居，零散的田野，荒芜的山坡，都是缺失审美的因子，需要后天的弥补和修缮。先天的条件并非决定美与不美的关键因素，其不过是前提条件之一，无论何种情况，马克思主义美学都认为，在人的自由开拓、自由劳动过程中，就能够按照美的规律构造。

2. 增量因素

随着时代发展和人类进步，可发现，很多村落都改变了容貌，变得越来越漂亮。当下，村落的建设，特别是公共基础设施、社区家居环境、人文治理环境等，在乡村振兴战略主导下，得到极大的改善。很多基层政府以及普通农户们，以建设美丽家乡的雄心壮志，开始规划美丽乡村的建设蓝图。这意味着村落保护意识的觉醒，科学规划、原生态修复等措施的迅速落实。于是，很多历史文化村落得到修旧如旧的保护，基础人文设施和人居环境得到改善，各个村落的审美特色，也在保护和新建的时候得以凸显。

如果说村落原始的、古朴的自然禀赋，往往自有其和谐、匀称的形式美的话，那么，现实中很多新建村落，比如个别地区的集中居住点、安置点等，则面临审美上的巨大挑战和考验。观察很多新建村落，看似在考虑和谐、匀称的审美法则，实际上则显得古板、陈旧，近乎排积木式的简单排列，毫无错落有致的美感，也没有考虑到与周围环境的映衬，加之保护失策，建筑物质量堪忧，总体来说与美无关。而原本花了不少资金可以建设得更漂亮的乡村，却模仿钢筋混凝土风格，失去了山乡村落的美感。

当前，村落的容颜更新换代进入关键阶段。所谓审美贫困的发生，很大程度上与村落的增量因素有关。在不少农村地区，一些土味家具、奇葩建筑，还有模仿城市风格的公共基础设施等，既耗费人力财力，实用性不强的同时，又没有一丝丝美感。马克思关于美的定义，认为美在于人的实践活动中，后来有学者说美是劳动，等等，可以知道，美是与人的实践活动相关的，是在实践活动中生成的。所以，增量因素可能制造了不少丑，但只要人的本质力量不断提升，增量因素也完全可以成为增量的审美因子，在建设美丽乡村伟大工程中，通过特定的审美引导，科学的规划设计，可以出现很多个性突出、气韵生动的美丽乡村。

（二）能力：主体审美的能力

恩格斯说过，"只印刷出乐谱而不诉之于听觉的音乐是不能使我们得到享受的"①。乡村审美贫困问题的发生，不仅与自然物质条件有关，还与主体的包括感性能力、情感能力在内的本质力量有很大关系。中国乡村的建设者、参与者以及其他与乡村相关的人的本质力量，是马克思主义中国乡村美学建设最关键的力量之一。乡村审美情感能力等本质力量的缺失，是审美贫困问题的主体根源。而且，审美情感能力的培育，非一朝一夕能够促成。王国维也呼吁过，"夫物质的文明，取诸他国，不数十年而具矣，独至精神上之趣味，非千百年之培养，与一二天才之出，不及此"②。当前情况下，抓紧培育乡村振兴相关参与者的审美能力，抓住时代机遇，摆脱审美贫困，是非常长远而更具意义的时代任务。

---

① ［德］弗里德里希·恩格斯:《马克思恩格斯论艺术》，北京：人民文学出版社，1966年版，第416—417页。

② 王国维:《王国维文学美学论著集》，上海：生活·读书·新知三联书店，2018年版，第108页。

绪　论

能具有审美高峰体验，才能真正感受到与世界的亲密统一关系。可知，即使世界到处都是客观的、和谐的形式、对称的结构，其作为外在世界的构成，与人的主体性存在总有疏远性、排斥性。作为具有主观能动性的人，总有克服与世界疏远性的冲动，或者说，总是想在客观世界中确证自己的存在，甚至想成为神一样的人物，无所不能、无所不至，实现天人合一。人于是总要观照世界、认识世界、思考世界，自己作为世界的一部分，当然也要观照自己、认识自己、思考自己。黑格尔说："人通过改变外在事物来达到这个目的，在这些外在事物上面刻下他自己内心生活的烙印，而且发现他自己的性格在这个外在事物中复现了。"[①] 于是，包括自己在内的客观世界，就成了人们眼中的对象世界。在对象世界中确证自己，有思想和实践两种方式，诸如宗教的，哲学的，当然也还有艺术的。按照美的规律改造世界的活动就是艺术。艺术是典型的审美实践活动，是人的本质力量的对象化，或说是在对象中以自由的形象呈现出来。

人与世界的疏远性克服后，人的本质力量能够在世界中慢慢呈现出来。黑格尔说，"人通过改变外在事物来达到这个目的，在这些外在事物上面刻下他自己内心生

[①] 黑格尔:《美学》，北京：商务印书馆，1996年版，第39页。

活的烙印，而且发现他自己的性格在这些外在事物中复现了。人这么做，目的在于要以自由人的身份，去消除外在世界的那种顽强的疏远性，在事物的形状中他欣赏的只是他自己的外在现实。"[1] 艺术活动最能克服这种疏远性，就在于人在这种情境之下，是自由人的身份，是不受束缚的。人类离不开艺术和美，就是其具有其他实践活动无所比拟的独特性。

在有限世界中，与世界相对而言，人总是异己的，受束缚的。在有限的世界中，人局限于有限的、彼此的对象关系中，深陷其中利害，无法自拔。这是一种有限的、相对的冲突世界，纠缠着各种利害关系，彼此皆不放松。人们渴望摆脱有限的、相对的困扰，哪怕是一刻的愉悦或放松也行。于是，无限世界的形而上需求成了人类共同的精神需求。唯有在无限世界中，人类才有冲破一切束缚、阻碍或世俗欲望的轻松和愉悦，这就是超越性体验，也就是美或艺术的体验。美丽乡村的自然山水田园，一切都是无限的存在，与审美主体之间没有切实的利益烦恼和纠葛，能够带着你冲破欲望束缚，走向无限体验。

马克思说，"动物只生产自身，而人再生产整个自然界；动物的产品直接同它的肉体相联系，而人则自由地

---

[1] 黑格尔:《美学》，北京：商务印书馆，1996年版，第39页。

对待自己的产品。动物只是按照它所属的那个种的尺度来进行生产，并且懂得怎样处处都把内在的尺度运用到对象上去；因此，人也按照美的规律来建造。"①于是，人需要一种能力，审美的、艺术的能力。马克思说："对于没有音乐感的耳朵说来，最美的音乐也毫无意义，不是对象，因为我的对象只能是我的一种本质力量的确证，也就是说，它只能像我的本质力量作为一种主体能力自为地存在着那样对我存在。"②马克思强调审美的或艺术的这种本质力量，作为一种主体能力，是一种自为地存在的本质力量，这种说法是很有说服力的，对建设美丽乡村有重要指导意义。

通俗点，这种本质能力到底是什么呢？蒋孔阳说："人作为自然的存在物，他的本质力量，首先是他的自然力和生命力，他的自然禀赋和能力，他的情欲和需要。"③当然，人不仅是自然的存在，还具有超越自然存在物的能力，"有了主体世界人就具有强烈的自我意识和精神力量。

---

① [德]卡尔·马克思,[德]弗里德里希·恩格斯:《马克思恩格斯全集》，第42卷，北京：人民出版社，1979年版，第97页。

② [德]卡尔·马克思,[德]弗里德里希·恩格斯:《马克思恩格斯全集》，第42卷，北京：人民出版社，1979年版，第126页。

③ 蒋孔阳:《美是人的本质力量对象化（上）》，《文艺理论研究》，1987年第5期，第2-7页。

这些精神力量，首先是能够认识自己和认识客观世界的思维力量；其次是能够强烈地实现自我愿望和目的的意志力量；第三是能够感受世界并能够表现主观的爱好和厌恶的感情力量。"① 当然，唯物史观理论下，这不是人的抽象、绝对本质能力，而是具有社会历史属性。即是说，这种本质能力在不同历史阶段，呈现不同的水平。在特定的社会历史阶段，人的本质能力是不同的。审美的贫困的出现就是特定历史时代的产物。

当然，人的这种本质能力，让人具备了超越有限、相对关系物质世界的可能，也就是具有能够自为存在的可能。马克思说："我们已经看到，在社会主义的前提下，人的需要的丰富性，从而某种新的生产方式和某种新的生产对象具有何等的意义：人的本质力量的新的证明和人的本质的新的充实。"② 或者说，"只是由于人的本质的客观地展开的丰富性，主体的、人的感性的丰富性，如有音乐感的耳朵、能感受形式美的眼睛，总之，那些能成为人的享受的感觉，即确证自己是人的本质力量的感

---

① 蒋孔阳:《美是人的本质力量对象化（上）》,《文艺理论研究》,1987 年第 5 期, 第 2-7 页。

② [德]卡尔·马克思,[德]弗里德里希·恩格斯:《马克思恩格斯全集》, 第 42 卷, 北京: 人民出版社, 1979 年版, 第 132 页。

觉,才一部分发展起来,一部分产生出来。"① 由此甚至可以得出这样的结论:审美是人的天性能动的表现,就好比春蚕吐丝一样。

审美能力既是一种认知美的能力,也是一种感受善的能力,主要由情感能力构成,其独特感受自由的体系中,每个人都具备这样的美的认知和感受体系。美不自美,因人而彰,每个人认知和感受美的能力是不一样的,就好比每个人感受自由的程度是不一样的。乡村建设参与者们,需要接受各种能力训练,尤其是情感能力或审美能力,才能提升自己包括情感能力在内的本质力量,才能在美丽乡村建设中让自己或他人感受到美、体验到美。虽说一代有一代的审美,但随着社会时代的进步和发展,给新一代的乡村建设者更多的能力和智慧,以更为强大的本质力量去建设美丽乡村。

(三)机会:主客同构的审美可能性

"金风玉露一相逢,便胜却人间无数"。审美机会实质是一种审美活动的生产方式,是人的本质力量与世界的交互式对象化运动中,自发产生了高级审美情感的契

---

① [德]卡尔·马克思,[德]弗里德里希·恩格斯:《马克思恩格斯全集》,第42卷,北京:人民出版社,1979年版,第126页。

机。换句话说，审美体验这种情况并不是常有的。"审美是一种实践，其以人为主体，自然的审美特性为客体，是一种主体与客体的对象化活动，只有建构合理的人与自然界的相处方式与生态制度才能产生美感进而产生幸福的体验。"①所以，审美贫困的产生，还可能是由于审美机会的缺失，也就是主客体之间没有因缘际会对象化活动，也就没有美的情感产生可能性。

最早提出审美的机会学说的是席勒，他的"游戏"的观点影响深远。他认为，只有在游戏的时候，才能真正实现审美可能。人在劳动时候，由于受到外部力量的驱使，其本质力量是处于压抑状态，是不自由的，也就无法实现审美主客体的统一。换句话说，只有当人解除了实用关系的束缚，才能自由地展开自己本质力量，才能在对象世界中看到自己那"活泼自由的心灵"。这种观点，对马克思关于人的本质力量对象化美学观点也有一定参考意义，不过"游戏"终究是"游戏"，其不能解决社会历史发展的问题，而马克思提到的"自由劳动"，则更能科学解释审美机会的发生机制。当人能够自由地施展自己的本质力量，能够不受约束、不受异化的情况下自由展开实践活动，才有审美的可能性。

---

① 滕飞:《幸福生活的美学建构——论马克思的审美逻辑及其价值旨向》,《中华文化论坛》,2017年第11期,第75-79页。

绪 论

审美需要机会，说明美的感觉不是先验的、本能的，而是社会历史的产物。唯有在特定时空下，审美才有机会出现。马克思谈审美意识的产生，"只有当对象对人来说成为社会的对象，人本身对自己来说成为社会的存在物，而社会在这个对象中对人来说成为本质的时候，这种情况才是可能的"①。他说，"由于手、发音器官和脑髓不仅在每个人身上，而且在社会中共同作用，人才有能力进行愈来愈复杂的活动，提出和达到愈来愈高的目的。劳动本身一代一代地变得更加不同、更加完善和更加多方面。除打猎和畜牧外，又有了农业，农业以后又有了纺纱、织布、冶金、制陶器和航行。同商业和手工业一起，最后出现了艺术和科学；从部落发展成了民族和国家。"②审美机会的发生，总是与社会文明进步、历史发展是同步的，也是相互统一、相互促进的。

审美当中需要主客体同构，主体对象化为自由的形象。这不仅需要恰当的时点、充分的审美条件准备，还需要主体有充足的能量，在生命的能量交互中，实现审美高峰体验。所以，审美对象的匮乏、审美主体的落后

---

① [德]卡尔·马克思,[德]弗里德里希·恩格斯:《马克思恩格斯全集》,第42卷,北京:人民出版社,1979年版,第125页。

② [德]卡尔·马克思,[德]弗里德里希·恩格斯:《马克思恩格斯全集》,第20卷,北京:人民出版社,1971年版,第516页。

·029·

等情况，都会导致审美机会的丧失。所谓"大化流行"，就是万物相生的运动中，外部世界的千变万化与人的本质力量的对象化，实现了审美高峰体验。马克思说，"在我个人的生命表现中，我直接创造了你的生命表现，因而在我个人的活动中，我直接证实和实现了我的真正的本质，即我的人的本质，我的社会的本质。"①

于乡村生活中，审美的机会是非常多的，享受充分愉悦的情况，还是很频繁的，当然情况也是各不一样。既有长居于乡村的深入生活的细腻体验，如陶渊明的"采菊东篱下，悠然见南山"，也有旅人浅尝辄止的风光体验，如李白的"桃花潭水深千尺，不及汪伦送我情"。如此之例，不胜枚举，可以说都在不同程度上获得身心自由和解放。当下美丽乡村建设，需要多创造审美机会，激发审美意识，呈现美学趣味。这涉及审美的心理机制问题了。就深居农村的很多人而言，乡村的美，很大程度上来自感受到合规律性与合目的性的统一。一方面，遵从乡村自然法则和发展规律，生态平衡而健康，一切都是生机盎然；另一方面，符合规律性的同时，村民们又得到物质、精神上的满足，特别是自我价值的实现与满足。就好比说麦穗，是辛勤劳作的结果承载丰收的目的，也

---

① ［德］卡尔·马克思，［德］弗里德里希·恩格斯:《马克思恩格斯全集》，第42卷，北京：人民出版社，1979年版，第37页。

是黄油油的美的事物，蕴含着村民自身本质力量，这就是审美的机会。

审美贫困的发生，很大程度上就是规律性与目的性不相符，规律认知与价值目的的冲突等方面，最终导致审美机会的丧失，在很多人心中，呈现为乡村价值的迷茫和失落。当下很多村干部感慨，很多返乡农民新建房并不是特别好看，反倒是不少文化程度较高的村民，新建房体现了自己特色，能够为美丽乡村添砖加瓦。很多乡村人由于自己审美能力或情感能力的不足，对于美的细腻体验少之又少，必然是缺少了很多审美机会的，更是无法创造美的。审美贫困的发生，缺少的是审美机会，深层次原因则是个人审美能力的不足。但是曾经物质生活水平和条件都极差的古人，仍能创造出山水田园诗歌，以最大的热情和本质力量写出山水田园之美，今人拥有更为充裕的物质条件，也完全可以在山水田园的乡村生活中寻找到、体验到美的机会的。

四、审美贫困的标准：动态指标

不同于经济物质的贫困，可以用量化的指标进行衡量，审美上的贫困问题，则无法进行量化的测试，更没有国际通行的标准，唯有动态的定性指标体系，或许能够勾勒出审美贫困的大概轮廓。对于美丽乡村建设，早在2015年中国标准化委员会就制定了《美丽乡村建设指南》，以量化指标赋予操作性和规范性。但标准化建设定量指标，主要依托于中短期的约束和刺激，赋予式供给设定，催生乡村多元内涵气质的考虑欠少。"乡村是具有生命力的组织体，是集历史与文化、政治与经济、社会与家庭于一体的有血有肉有灵魂的生命系统。因此，解决乡村发展问题，既不能以近代以来西方结构式的科学方法来碎片化地理解，也不能单纯地用经济学的测算公式来描述和分析，而是需要以生命思维来看待乡村的发展。"[1]所以，以定性的方式来衡量审美贫困的动态标准，也是非常重要的补充手段之一。

每个人都有自己审美品位，制定审美需求的标准和规范，显得不切实际且不必要。诸如缺乏感受力、判断力、

---

[1] 郝栋《生态文明建设视域下乡村振兴战略研究》，《行政与法》，2019年第3期，第61-69页。

想象力，艺术修养不够，审美能力欠缺等，都是属于概括性概念，审美感受不细腻、不活跃等，量化时显得模糊而不具体。所以，量化的指标无法衡量人类恒动的审美能力等，以概念定性的指标，或许还能作为乡村审美的贫困的度量衡。由此建立定性的指标体系显得必要了。有鉴于审美的贫困是一个普遍而反复出现的问题，需要对乡村山水田园的美有一个标准化的认知取向，且属于公共愿望和公共理解的规范标准，如果达不到这个标准认识，就是审美的贫困问题了。

审美贫困的问题，多呈现为心灵与世界的沟通缺失，无法获得审美愉悦，不能获得怡情养性，人的意义世界和价值世界的失落。在乡村中，就是乡村人缺乏美感的修养，体验不到美感或是美感的消解，是一种崇高的审美理想缺失、意义沉沦和目标模糊的状态，其具体的动态指标体系，大概可从如下六个方面来阐述。

（一）不符合和谐的适当性尺度

在中国古典美学中，一个核心观点是美在和谐。和而不同，是中华民族的审美理想之一。和谐，意味着事物对象彼此的相互促进、相互扶持，是最良性的发展状态,"中也者,天下之大本也;和也者,天下之达道也"①,"致中和,天地位焉,万物育焉"②,还有诸如和实生物、同则不继等说法,就是说,讲究中和的话,天地正位、万物交育,其是最根本的道理。和谐蕴含着对立统一的矛盾规律,意味着事物之间的相互依存、转换可能性,以及质量状态等各方面走向更高阶段的辩证法。

和谐还有适度的意思,也就是其适当性尺度。万事万物莫非各得其所、各得其位,置于适当性的尺度。这是事物的条理和比例,保持着度量和比例总是美的。这不仅是形式法则,也是心理法则。万事万物以数的形式排列、组合时,是形式法则,而恰当的组合形式,又刚好契合人心的愉悦,好比以数形式存在的音乐能穿透人心、直击灵魂一样。审美活动是心理法则的最高运用,和谐的形式,是最紧密结合审美活动的要素之一。

审美的贫困,恰好是违背了人与自然和谐的适当性法则。实际上,相比于钢筋混凝土的城市森林,乡村有很多地方,可以像中国传统山水画一样,彼此呼应,上下相生,隐现有序,和谐而美好。既有雾气升腾于山间的生气与美好,也有炊烟袅袅的乡村人间烟火气,如此

---

① 朱熹《四书章句集注》,北京:中华书局,1983年版,第18页。
② 朱熹《四书章句集注》,北京:中华书局,1983年版,第18页。

等等，都是人间的和谐与恰当。但是，也有很多农村地区，本来有山有水，如诗如画，却由于资本的贪婪、生态的破坏，变得不那么美丽，山野裸露的矿岩石、随意丢弃的煤渣、烧焦的田野、废弃的垃圾，等等，人与自然的和谐关系被严重破坏。由于没有与自然环境和谐共生的本质能力，于是，村落里面，诸多房屋等建筑物，搭配不合理，彼此杂乱铺陈，随性摆置，没有呼应和映衬；乡间道路也是随意交叉，没有合适的布置和安排，凌乱无序；森林、河流、土坡、田野等，任意开垦、砍伐，毫无规划。好多农耕村落，却如同矿厂。人类活动急功近利的紊乱，过度追求短期物质利益，失去了人与自然和谐的适当性尺度。

要摆脱审美贫困，乡村人与自然和谐就需要树立马克思主义生态观念，在生态培育和保护背景下，实现人的本质力量与大自然的良性的、自由的、和谐的对象化活动，以实现人与自然的和谐自由发展。

（二）不符合形象的情感性尺度

谈到审美，总是与主体情感相伴而生的，是主体情感活动的旋律和脉动。情感，总是因象而动，特定美的形象，引起特殊的情感。清代人王夫之说过，情感和景色是不能相互分离的，而是互动的。换句话说，景色中的情感是真实的，情感中的景色也是真实的，情景不能相互分离。在中国古典美学中，情景交融是最基本的审美单元和心理结构。情景相生，物我两忘，这就是审美。乡村之所以美，总是带有情感的。所以说，美丽乡村，体味乡愁。月是故乡明，故乡总带有情感的内容，是想象中的美好的故乡，有追忆、有留恋、有惆怅、有美好，这就是乡愁。

乡村之所以美，在于是能够激起浓郁情感的地方。一片乡村的风景，就可以是一个游子的心灵境界，这可能是主观的生命情调，与客观的自然景象交融互渗，构成了一个审美的世界。无疑，这就是美丽乡村。宗白华说："美与美术源泉是人类最深心灵与他的环境世界接触相感时的波动"。[1]美丽乡村建设，就是要建立一个情景交融的物理世界之外的世界，这就是审美的世界。这个美丽的物理的村落，既能寄景生情，也能因情生景，构筑了一个心灵与世界融通的精神家园。

美丽乡村的建设，应是饱含乡愁等情感的形象建设过程。美丽乡村就是一个生活的世界，与人的生存和命运息息相关，是人生命最本源的世界，是生命中最原初

---

[1] 宗白华《艺境》，北京：北京大学出版社，1987年版，第81页。

的世界。于泥土中、田埂上，于遍山开放的山花中，可以感受到灿烂生命最原始的意义和存在。审美是一个审美对象与审美主体相统一的意义世界创造过程，这个过程需要美丽的物理基础，也需要良好的审美修养。克服审美上的贫困，是需要这两方面努力的。

现实中不少所谓美丽乡村建设，只看重物理条件改善，毁掉一切旧的，重建新的，破坏了历史古迹，甚至一棵古树、一口古井都不放过，割裂了人与人的情感，也毁掉了人与乡村的情感。情感的缺失，会让乡村失去生命力。现实情况是，乡村情感的断层和失联，让很多游子对乡土并没有那么依恋。类似这样舍弃了原初的美好记忆，忽略了乡村情感的内涵，这会导致严重的审美贫穷症。乡村不仅是物理世界，更是充满情感的地方。特别是对于现代人来说，一片稻田、一片森林，都能激发出人们内心深处的情感需求。所以，美丽乡村建设不仅是建设物理世界，也是充实的情感世界。所以，乡村建设真的需要带着美好情感的一群人，或者带着天真烂漫的美好想象，去建设美丽乡村。

（三）不符合规律的目的性尺度

规律，是对世界认知了然的范畴；目的，是对世界价值索取的范畴。人类很多实践活动，都包含着合规律性、合目的性维度的统一，也就是真和善的尺度统一。在美的尺度中，往往都有认知和价值的维度。或者说，认知是基础，价值是目的，统一指向美。规律是事物发展的内在的、本质的、必然的趋势，是隐含于事物现象层面的发展方向和可能。人类的认知活动，就在于寻找到事物发展的规律，以让其符合人类自身的价值和目的。曾经有实用主义学派观点指出，有用就是美的。审美当然包含有价值的维度，但不等同于价值和目的，而蕴含更多的内容，还有符合规律的、形式的各类法则。所以，托尔斯泰说善代表最高的目的和价值，而美是让我们感到舒适的东西，两者不能等同。

美丽乡村建设也有自己的规律，也有自己动态的规律或者说程序。日出而作，日落而息，乡村的生活应该是静谧而宁静的。乡村的发展和建设，应遵循其自身的规律，适度挖掘固有的资源、禀赋，保持其原初、质朴的本色，以科学的发展观念和认知规律，去改变乡村的面貌，使其更美好。部分村落在改造时，不考虑其所在位置及原有特征，统一按照小城镇建设，结果是灰尘漫天、噪声不断，最终弄成"四不像"，这就是审美的贫困。

可以看到，乡村没有按照科学发展规律发展，失去了"真"，会付出几代人的代价；没有为老百姓创造美好生活的终极目的，失去了"善"，则不能称之为乡村。不少江村，填海造田，不少山村，毁林开荒，将河流改道，围坝养殖，大肆捕捞等，都是不符合规律的目的性尺度。以破坏自然生态为代价，人造的村落风景，也不会是美的。不少农村地区矿产资源丰富，于是，各种矿坑就出现了，好比是大地上的伤疤，佝偻疲惫的矿工们，在黢黑的矿井里面蠕动、挣扎，这种劳动和产业发展，毫无美感可言。

乡村的改造和建设，也有自己的经济规律。乡村产业有自己产业特性。乡村建设如果以城市为标准，霓虹闪烁、歌舞升平、车水马龙，就不是乡村本来色彩了。不少乡村地区，资本下乡，甚至出现商业欺诈、欺骗，乡村沦为诈骗的温床，就失去了乡村的价值和美好想象了。乡村的改造和建设，应该符合生态规律，根据当地的生态属性，合理进行村落规划和设计，不以破坏生态为代价，更不以新堆垃圾为目的。逐水而居、随草而迁，是古人的生态观念。今日乡村，也应建立自己的生态观念，爱护树木，保护良田等。

乡村生活世界，不仅是生活的乐园，也是精神的家园，这是美丽乡村建设的真、善、美。要实现这个目标，必须树立科学发展观念，以科学的认知，美好的追求，去完成时代任务。用马克思主义美学思想，去建设美丽乡村，实现合规律与合目的的统一。

（四）不符合自由的超越性尺度

马克思对人的实践方式有科学的界定，尊重现实性的同时，也不否认人的超越性需求。审美中超越性体验，是瞬间的高峰体验，不常有却是天人相合、同归于寂、一气运化的境界。乡村美能给人以自由的超越性体验吗？显然是可以的，陶渊明的"欲辨已忘言"，就是这个道理。张世英说："万物一体本是人生的家园，人本植根于万物一体之中。只是由于人执着于自我而不能超越自我，执着于当前在场的东西而不能超出其界限，人才不能投身于大全（无尽的整体）之中，从而丧失了自己的家园。"[①]这就会导致审美的贫困，或者说，就是沉溺于凡尘琐事、世俗欲望中，而人毕竟是形而上的动物，是有超越性追求的。

乡村美在于能给人以自由的感受，可以脱离陶渊明所谓的"樊笼""尘网"。美丽乡村不仅是生活世界，也是精神家园，可以实现自由超越。于是，精神家园意味着自由。叶朗说："人失去了精神家园，人也就失去了自

[①] 张世英:《哲学导论》，北京：北京大学出版社，2002年版，第337页。

由。我们这里说的'自由',不是我们在日常生活中说的'自由自在''随心所欲'的自由,不是社会政治生活中与制度法规、统一意志、习惯势力等相对的自由,也不是哲学史所说的认识必然(规律)而获得的自由(在改造世界的实践中取得成功),而是精神领域的自由。人本来处于与世界万物的一体之中,人在精神上没有任何限隔,所以人是自由的。但是人由于长期处于主客二分的思维框架中,人被局限在'自我'的有限的空间中,人就失去了自由。"[1]这就是处于世俗混沌中而不自知,就是失去自由而缺失了超越性向往。

显然,人都有寻找精神家园的自由的本能冲动。恩格斯说:"如果你站在宾根附近的德拉亨菲尔斯或罗甫斯倍克的顶峰上,越过飘荡着葡萄藤香味的莱茵山谷,眺望那与地平线融合在一起的远处青山,瞭望那泛滥着金色阳光的绿色原野和葡萄园,凝视那反映在河川里的蔚蓝色天空,——你会觉得天空同它所有的光辉一起俯垂在地上和倒映在地上,精神沉入物质之中,言语变成肉体并栖息在我们终将……"[2]这就是超越性的追求,在大自然中感受到人与自然生命的美好,"于是你的一切忧思,

---

[1] 叶朗:《美学原理》,北京:北京大学出版社,2009年版,第78页。
[2] 恩格斯:《风景》(1842年),《马克思恩格斯论艺术》,第4册,第388—389页。

一切关于人世间的敌人及阴谋诡计的回忆,就会烟消云散,你就会溶化在自由的无限的精神的骄傲意识中"[1],对精神家园自由感觉的这种形容,是非常准确的。

在乡村建设中,对于超越性审美自由感受,很少能够得到重视。当下阶段,一般来说,更注重现实的物质条件的改善,如基础公共设施建设、卫生服务站建设等。很多地方出现另一种情况,也就是物质硬件设施的建设上,也追逐时尚、浮华、媚俗,导致乡土文化的缺失、精神向往的沉沦。基础设施建设上以及一些文化活动的媚俗趋势,也就无法有好的审美体验。有人指出,"一些媒体对乡土文化的传承也是碎片化、娱乐性的,这在一定程度上也破坏了乡土文化本身的文化价值。"[2] "物化"的心灵,俗不可耐的娱乐活动,是谈不上自由和美好的。审美贫困也就是村落中精神文化世界的贫瘠,趋浅、趋新、趋平、趋碎、趋俗、趋快、趋短、趋淫等,最终导致人们精神、情感和意蕴的贫瘠。

简言之,不符合自由的超越性尺度,就是美丽乡村建设停滞于浮华、俗气的硬件建设,即使有座座高楼,

---

[1] 恩格斯:《风景》(1842年),《马克思恩格斯论艺术》,第4册,第393-394页。

[2] 曲延春,宋格:《乡村振兴战略下的乡土文化传承论析》,《理论导刊》,2019年第12期,第110-115页。

或是纵横交错的宽阔大马路，却少了乡村的神气和气韵。生活上追求物化的享受和粗俗的趣味，这本质上就是审美贫困，是美丽乡村建设需要避免的。

（五）不符合秩序的创造性尺度

事物的节奏韵律，体现出美来，这是动态美。村落自有其发展韵律和秩序，是动态的发展和呈现动态美的过程。几千年来，乡村不可能是一成不变的，随着人口的迁移、社会经济的发展，乡村在不同时代有不同的美，需以创造性心态去重塑乡村之美，绘制出乡村时代之美。唐人的"日暮苍山远，天寒白屋贫，柴门闻犬吠，风雪夜归人"[①]，今日似乎很少见到"天寒白屋贫"等景象了。当下美丽乡村建设，也是需要根据社会经济发展规律，创造性地让乡村漂亮起来。一般来说，当下村落先是生态环境的改变，青山绿水变美变清，人文建筑等公共设施的改善，同时，伴随着公序良俗的塑成，在这么一个过程中，需要人们不断用创造性思维，在特定的时空秩序范围内，对乡村的各方面进行美的提升。这个节奏和过程好比是音乐诗一般，缓缓道来，美不胜收。

英国的夏夫兹博里认为，美是和谐和比例适度。这

---

① 彭定求等：《全唐诗》，北京：中华书局，1979年版，第1479页。

个观点在第一尺度"不符合和谐的适当性尺度"中已经做了阐释说明。如果和谐和比例适度是静态标准的话,那么,这里说的符合秩序的创造性尺度,则是一种动态标准和过程,也就是动态呈现出来的和谐秩序和创造性的适度比例。事物的发展是一个变动的过程,而不仅是静态的呈现。秩序是事物有序的排列和呈现,内在蕴含着动态的和谐和韵律。符合秩序的创造性尺度,在于事物发展中创造性呈现出有趣的、形象的生活世界。美丽乡村建设需要这么个动态秩序法则。

美是在过程中生成,是在美的体验中创造性出现。一个村落,有时可爱,有时也不可爱,有时让某些人觉得可爱,又让某些人觉得不可爱。这就是一个动态过程。如何创造一种持续性的美的体验呢?注重美的秩序,是非常重要的方面之一。如乡村四季各有其美,但是,如果秋天到了,在丰收的季节,仍是野草杂生,田野并不美;在繁花似锦的春天,仍是光秃秃的田埂也不美。时物感人,在特定的物候韵律中,乡村美才可以自然呈现。

一村一品,固然是乡村的审美理想,而一味创新求变,忽略了乡村建设的节奏和韵律,大拆大建,温室帐篷轮番上,盲目地求新求异,或者一味模仿西式建筑,模仿发达国家的乡村建设案例,却忽视了本地区的文化特性和民族性格。模仿是不能出风格的,唯有创新才能让美丽乡村真正美丽起来。坚持动态的创造性秩序发展原则，坚持独立自主的民族性格和文化风格，在新时代开创性地建设独具民族色彩的美丽乡村，以文化自信的心态，一切有条不紊，和谐有序地推进美丽乡村建设。

简言之，不符合秩序的创造性原则，会造成乡村建设失序，土味奇葩建筑层出不穷，抹杀了乡村本来的美感，一切变得慌慌张张，到处模仿，不尊重乡村四季自然变化的规律，如到处都是大棚养殖，铺天盖地的薄膜、化肥基地，甚至用大的水管工厂养殖以替代渔业，等等，这都是审美的贫困，让乡村失去其本性、本真，失去了其动态的秩序感。因此，美丽村落的建设，是一个动态发展过程，在尊重自然规律的前提下，尊重民族本心和文化的创造性过程，这个过程非常漫长，需要创造性发挥人的主观能动性，创造出符合秩序法则的美。

（六）不符合理想的价值性尺度

山水田园才是理想的精神家园。打动人的不是现实的满足，而是未来的理想和浪漫。唯有在精神家园中，才能找到自己的理想生活和美好想象。西方哲学史上，有一个经典问题，就是寻找真正的世界——绝对世界、真实世界，如柏拉图的理念世界等，主客二分的认知模式，造就了这种思维体系。随着人的主体性提升后，近代现象学派创始人胡塞尔提出了生活世界的概念，颠覆了主客二分的体系，认为生活世界是原初的经验世界，是生活于其中的现实的具体周围的世界，而且是充满着人生的意义和价值的世界。这给予启示，生活的世界应是人与世界融合一体的，是人的生命状态在世界的诞生，也是诗意的世界。人生应该充满了诗意，山水田园才是人生的最终栖居之所。

人的意义和价值造就了这个世界的理想性尺度。人具有无限的意义和价值，不断实现着自我的价值和意义。如果人的价值和意义失去了与世界的沟通，就无法获得精神上的愉悦和满足，就呈现为意义世界和价值世界的失落。相比于讲求效率的城市，美丽乡村是人们最能实现与世界心灵沟通的地方，因为其最能体现人最原始的意义和价值以及人类的理想。美丽乡村建设千万要避免抹灭人类的这种美好理想，让人类重新回到资本、异化的囚笼。

城乡融合发展，绝不是把乡村建设成跟大城市一个模样，而是以城带乡，相互反哺。所以，即使是到处起高楼，四处是霓虹，乡村建起了商业街，变成了城市，仍然无法避免审美的贫困。拥有山水田园的理想，绝不是让乡村变成大城市。当下资本下乡，有很多地方，都显得太单调、太平常、太陈腐，千村一面，无法引起美的感觉，更无法激起心灵的震颤和激动。很显然，人们感受不到理想的、自由的精神家园之美好与愉悦，而是重新进入了世俗的、肤浅的"物化"囚笼。于是，审美意识麻木的人们，不知道自己内心真正需要的是什么，沉溺于低级的审美趣味或感官体验。呈现为内在真正的意义世界和价值观失落，精神上的贫困问题就太严重了。

人的理想性价值失落，是关乎人的生存和发展的根本性问题。当年鲁迅曾经无比憧憬向往的童年乡村生活，甚至可说是他最高人生价值和生命理想。所有的欢愉和人生乐趣，都在童年的社戏中，在那远处的渔火、在那两岸的豆麦和河底的水草、在那婉转悠扬使人沉静的笛声中，还有那一轮金黄圆月下，有个十一二岁的少年，在碧绿瓜地上向一匹猹尽力刺去，种种画面，何尝不是每一个人的人生乐趣和理想性价值追求呢？世事无常，风云变化，家国失落，少年闰土变成了麻木不仁的、手如松树皮一般的老闰土，头戴破毡帽、手拿破烟袋，老年闰土和鲁迅他们人生理想实现了吗？少年时期想要的得到了吗？人的终极性价值追求和理想向往，失去了吗？能够找回来吗？美丽的乡村那静谧的晚风，那童年的一切，只有在真实的、原初的乡村中找回来，因为那里有最真实的理想、最高的价值性人生追求，有人类所向往的一切。

综上所述，美丽乡村建设，要按照美的规律来构造。即是说，光建设一个繁华世界远远不够，还要建立一个情景交融的物理世界之外的理想世界，这就是审美的世界。这个美丽的物理的村落，既能借景生情，也能因情生景，构筑了一个心灵与世界融通的精神家园和理想世界。审美是一个审美对象与审美主体相统一的意义世界创造过程。这个过程需要美丽的物理基础，也需要良好的审美修养。马克思说："弥尔顿生产《失乐园》，像蚕生产丝一样，是他天性的表现。"①恰好美丽乡村的每个人，都具备这样的创作能力，那么，这个美丽乡村的理想家园，也就真正建成了。

五、思路和方法

（一）以民族审美精神为基本底色

中华民族是世界最富有生活诗意的民族之一。生长在这片土地上的民族，在长期农业发展过程中，形成了特殊的、现实的、诗意般的民族审美精神。从《诗经》

---

① ［德］卡尔·马克思，［德］弗里德里希·恩格斯：《马克思恩格斯全集》，第49卷，北京：人民出版社，1979年版，第105页。

中的"七月流火"开始,到粒粒皆辛苦的"悯农",再到今日的美丽乡村建设,无不具有鲜明的民族特征。相比于西方的商业精神和城邦意识、无处不在的货物贸易和海外探险,中华民族在乡村审美文化方面,可以说是最凸显特色的,也是最富有民族风情的。其艺术表现形式之一,就是无数山水田园诗词歌赋以及绘画作品,好似激荡于中华民族文明长河中最灿烂的浪花。王行说:"美学既有美的共性,也有民族特殊性。中华美学精神所体现出的鲜明个性,培养了中华民族独特的精神气质、思维方式、审美情趣,对塑造中华民族的形象发挥了独特的作用。对中华美学精神的研究,既对继承中华优秀传统文化有理论意义,也对其继续发挥'化育'和'引领'作用具有现实价值。"[1] 中华民族的审美精神也就是中华美学精神。作为优秀的传统文化,与马克思主义中国化融合一起,可共创新时代的乡村新文明。

当下民族复兴的进程迅速推进。作为农业大国,农业农村的问题在新的历史条件下,似乎能够得到很快的解决。农村的建设和发展不再是温饱、脱贫等问题,而是建设美丽乡村的重大战略。"美丽"的涵义非常广,确定无疑的一点是,其不单指是涂脂抹粉的外表上的"美",

---

[1] 王行,刘雨:《中华美学精神及其当代使命》,《光明日报》,2017年6月5日,第15版。

而具有更为深刻的内涵。中华民族是爱"美"的，而且有"美"的民族基因，尤其是乡村美学更是古老民族的自豪。但是，由于特定的历史阶段原因，当下中国部分农村地区存在着文化精神贫困症，也就是审美上的贫困，乡村失去了原来的韵味。或者说，审美贫困呈现为村落中人意义世界和价值世界的缺失。随着社会化大生产发展，城市产能产业集聚，主要满足物质需求，美丽乡村却能给予人生超越性的意义、意趣。保护山水林田湖草，修缮建筑、遗址等，仅是建设了一个物理世界，是趋于现实浅层需求的装点，外在性增强的同时不能削弱内在性，村落还需融入精神内涵或情感内容，进入创造性、深层次的交融互通，可以感受到在物理世界外的另一个情景交融的意义世界。

于古典文献中，蕴含有大量的古典田园诗词歌画，皆是中华民族美学精神的结晶。从其中挖掘并分析美学精神，并推进其现代化改造，以适合于当下美学乡村建设，实现与优秀传统文化的融合，这是本项研究的基本思路。故文献分析法是必需的，其中的文献鉴赏和美学精神分析，将是重要的研究方法之一。无论何时，审美是具有鲜明意识形态特征的，建设美丽乡村，需要高扬中国山水田园乡村的审美价值和民族的独特美学精神。建设美丽乡村，也必须呈现出本民族的特色。中华民族的审美精神可以通过不断挖掘，结合马克思主义美学理论，在新的时代条件下，既有继承优秀文化传统，也有伟大的创新。

（二）以乡村振兴战略为基本视角

每个时代农业农村问题都会有新的动向和可能。乡村振兴战略是响应时代要求而提出的战略部署，农业农村农民问题是关系国计民生的根本性问题，"虽然我国经过二十多年快速城镇化，到2017年末常住人口城镇化率达到58.52%，但仍有五亿七千多万人口长期居住在农村，农业人口的总量仍然偏大。"[①] 三农问题依然是各方关注的重点。以乡村振兴战略作为重要突破口，其总要求包括产业兴旺、生态宜居、乡风文明、治理有效、生活富裕五个方面。以乡村振兴战略为基本视角，来审视中国乡村审美贫困问题，需要以穿透性的眼光，来考察农村存在的一些本质的、必然的、规律性的发展趋势，既有产业发展问题，也有生态保护、弘扬文化等问题，彼此交叉，纷繁复杂，需要认真透视。

过去几十年，城市建设推进速度非常快，改革开放

---

① 杨洪林：《乡村振兴视野下城乡移民社会融入的文化机制》，《华南师范大学学报》（社会科学版），2019年第1期，第21—23页。

的伟大成就，让贫穷落后的中国迅速跻身世界强国之列，是顺应时代发展的必然之路。社会化大生产导致产业集中，如同雨后春笋般出现的各种工业园区、科技社区以及自由贸易区都说明，产业集中和产能的互补，产城融合发展模式等，有利于创造更大的生产力。大量的人口集中在大城市，于是，大城市大农村的格局已然形成。但是，乡村建设如何走，乡村建设的理想图景是什么，在融合发展的道路上，如何建设自己的独特性，都是需要认真思考的。毋庸置疑，乡村不能成为荒芜、荒凉的无人村，然而，乡村如果都建起了整齐的楼房、干净的街面、统一的布局，整齐划一、连点成线的规划风格，真的就适合中国农村吗？

于研究方法上，当下的乡村政策分析是必要的，更要结合时代的变迁，结合比较研究法，透视美丽乡村建设的时代脉络，以及中西方乡村发展的不同文化背景。以乡村振兴战略为视角，特别是生态宜居、乡风文明和生活富裕等发展理念，契合了新的时代要求。于是，让美丽乡村富有独特人情味，改善其与人的情感交融关系，这就是建立理想村落的美学任务和社会责任。建设美丽乡村，很多人看到的仅是美丽二字。实际上不能囿于此二字。马克思主义美学对美丽乡村的理解，决不能单纯做形式上美丽的理解，要融合产业发展、增收提效、生态文明等综合阐释，更需要透过中华民族的优秀山水田园文化，以深沉的历史眼光和创造性视野，重新勾勒新时代乡村文明的新审美范式。

（三）勾勒古典诗画中的乡土中国

从原始的乡村部落出发，勾勒古典诗画中的美丽乡村，以此来寻觅摆脱审美贫困的路径，树立马克思主义乡村美学的范式。于是，有如下几个思路。（1）理论性与实践性。以马克思主义美学理论的展开为基础，以现实美丽乡村建设实践的探索为方向。美学理论不能悬空于理论层面学者之间的讨论，不能仅存于象牙塔尖的玄说状态，而是应该与实践融合，改造世界以切合新时代的需求，并在实践中不断发展和进步。马克思主义美学作为成熟的学科，经过若干次大讨论，在社会上产生过广泛的影响。当下，美丽中国美丽乡村建设已经是民族复兴大业的重要组成部分之一，其应该发挥理论指导作用，融入美丽乡村建设的伟大实践中来。（2）时间性与空间性。古今未来的思索中，聚焦当代中国的村落审美文化，特别是对古典诗词中的美丽乡村进行重新树立，寻找其内在的精神文化内核。中华美学精神作为优秀传统文化重要组成部分之一，体现了民族的审美根性。这种根性是几千年来民族无意识形成的,其经历了民族文化的无数次现代性改造,仍然留存下来受到普遍认可的美学精神。相对传统的乡村建设,更是不能脱离优秀传统文化而一味向西方发达国家模仿。基于古往今来的时间线索和中西互鉴学习的文化传统,来创造性重新勾勒古典诗画中的美丽乡村。(3)个体性与普遍性:从经典的、诗人的个体性的追索,到今日村落的普遍性美学原则的探寻,也就是民族性的美学精神的启发,形成普遍性的美学原则。审美是个人的,个人的审美精神汇聚成洪流,就是民族的,而民族的审美精神于当下又会成为个人的审美趣味。基于审美精神个体性与普遍性的统一,本项研究将从个体性出发上升到普遍性原则,又由共性原则回归到个体审美上。(4)现实性与理想性。从古人情感想象和体验中,探寻今日乡村美学重构的可能,又从村落美学缺失的现实性批判,到未来村落美学的理想性重塑。美丽乡村建设是一个长期的系统工程,是中华审美文明再造和重塑的长期过程,既要巩固脱贫攻坚成果,又要以最大的热情和干劲,向着理想的美丽乡村不断迈进。(5)特殊性与一般性。中国村落,东西南北中,各具特色,任何研究无法扫射到全部村落。渔村海港有自己的特色,荒漠草原也有自己的特殊性,美丽乡村建设不是千篇一律,而是以自己的独创性为美丽乡村系统工程添砖加瓦。如此五个方面，相互渗透，动态呼应，彼此关涉。

当下回首古典诗画中的美丽乡村，可知历经几千年，中国古代的美丽乡村的模样，似乎早已不复存在，又似乎从来没有消失过。但可确定的是，其文化精神却留存在民族的集体意识中，流淌在每个人的文化记忆中。基于对其中审美精神的梳理，寻找与马克思主义美学精神契合的地方，尤其是民族精神中人对自由发展的向往，天人合一等生态理念，都可以在马克思主义中国化科学理论的指引下，生发出建设美丽乡村的新理念、新奇迹。

六、价值和目的

审美贫困的问题是当下发展阶段普遍存在的问题，以人的发展理论嵌入到古今审美发展史中，可以丰富和发展当下马克思主义中国化的乡村美学思考和实践。马克思主义关于人的发展理论，可以用来深入解析审美贫困的前世今生，就中国乡村的审美变迁，以及呈现出来的中华美学精神，作当下乡村美学实践阐释，以更深入地纾解当下美丽乡村建设中的各种复杂问题。其不仅有助于筑牢马克思主义的审美理想和美好信念，还致力于直接解决审美贫困，谱写美丽乡村中国范式，为乡村的文化振兴提供决策参考的建议。

当下，美丽乡村建设正在如火如荼地进行，实践中的很多困境需要理论来指导和规划，融入实践中以服务于高质量发展。而马克思主义乡村美学方面的理论研究是欠缺的，是不足够的。基于马克思主义与中华优秀传统文化融合而成的乡村美学，是非常需要进行理论思考和探索的。其不仅涉及理论上探索马克思主义与优秀传统文化的融合，而且关涉到当下乡村建设的实际问题。马克思主义乡村美学以审美贫困与古今社会发展悖论为出发点，探讨乡村审美贫困的本质以及规律，就审美贫困的终结作理论分析。在马克思主义资本批判理论指引下，从理论层面，丰富当下乡村建设的相关思考，为乡村建设从经济、政治、文化、生态、美学的融合研究，做一些理论上的延伸分析或抛砖引玉工作。当然，由于审美贫困问题牵扯的方面比较多，美学理论上的解释功夫不够，且在美丽乡村建设具体举措上，也难以做到事无巨细的陈述和分析。

第一章

理想性·神秘性·现实性：美丽乡村的三重图景

要摆脱审美贫困，还原美丽乡村三重图景，设立美丽乡村建设的目标愿景，是一项非常重要的前置工作。显然，美丽乡村建设，不仅关乎物质设施、经济水平、治理体系等方面的全面提升和进化，还有文化传承、精神家园、人文思想体系等方面软实力更新和发达。中华民族有悠久灿烂的历史，从古到今，可以说凡承载着感性自由的精神家园，都一直驻扎在美丽的山水田园中。建设美丽乡村与构建自由精神家园并行不悖、融而为一。在中华文明长河里，历代贤达人士都以美丽乡村为基底色彩，在山水田园中勾勒美好而自由的人生乐处。人们一直都在思索，如何让人类更好地生活在这个世界上。美丽乡村建设，是一个非常好的话题，也是值得去探索的美丽境界。

第一节　美丽乡村的理想境界

一、生产标准与乡村审美理想

乡村理想是每个人精神心底最向往、最渴望安放的地方。当下，建设美丽乡村，构筑精神家园，是时代重要话题和艰巨任务。站在时代节点上，以千年时空的历史逻辑，既可以展望未来愿景，又可以回望历史，以深刻的社会意识、人类共同体发展理念和文化传承自觉，重构乡村的美好理想境界。尤其是社会化大生产体系早已经建立，且发展到高度细分领域，产业革命浪潮方兴未艾，智能化信息化时代已经来临，供应链体系已经相对健全，在物质生产生活资料相对充裕情况下，反思美丽乡村的理想境界，恰如其时，很有必要。

全球化背景下，各种文明相互交流，全球货物到处流通，国家与国家、民族与民族之间的沟通变得越来越便利。从机器大工业时代，到信息技术时代，再到即将到来的人工智能时代，例如，创造了各种各样工业复制的奇迹。基于文明创造基础上的工业复制，成就了时代的物质生产繁荣。于是，人类社会发展到今天，很多人可以明显感受到这样一个现象：无论是社会化大生产体系，还是社会管理体系、运作体系，甚至人类的认知、情感体系，都使劲朝着标准化建设方向发展。

难道人类总有趋同的倾向和可能？或者这是人类适应特定时代发展客观条件的必然选择？全球化背景下，人类社会的很多方面，都是这般局面：一面是不断地创新，另一面则不断地趋同，就这样你追我赶，你方唱罢我登场。且不说生产体系的标准化、模块化，甚至就是人类的情感满足方式，似乎也在越来越走向一致！

什么原因导致这种现象的出现呢？这是一个复杂问题。简单说来，与社会的分工和人类的需求有关。全社会出现了分工、机器、竞争和垄断，必然导致对物依赖时代的来临。对物的依赖不同于对人的依赖。在中国古代，人的依赖性非常强烈，这是一个人身依附的时代，依靠血缘近亲维系彼此的依赖，并构筑起以人身依附为基础的社交网络。但是，人类社会迈入对物的依赖时代后，依靠"物"的交换，实现整个社会的循环和进步。物品的生产和交换，才能够满足人们日益增长的物质文化需求。人的需求造就了商品的繁荣。物品的交换依靠的是现代化的生产能力，由于商品经济大繁荣，带来的是社会生产的同质化和标准化。

当然，这也存在一些新的情况，商品的使用价值转换为价值是终极目的，产品的多样性甚至艺术化追求，都是销售或推销的目的，以解决使用价值与价值之间的矛盾。所以，商品最基本的属性是使用价值：有实用性、多样性、经济性、审美性等几个方面。但是，商业资本逐利的原始本能，始终是标准化、同质化的商品生产，以更低的成本实现更高的收益。所谓对商品的一切艺术加工等审美属性，都不过是对使用价值的完美塑造，最终是为了实现价值，实现资本增殖的收益而已。

当下，美丽乡村建设，就同质化、标准版商品进村、休闲娱乐单一等一系列审美上的问题，迫切需要重构中国美丽乡村审美理想，或是翻看历史文献，或是借鉴西方文化，或是独立探索前行。所有的表面现象都有深层次的根源，审美贫困的出现是长期的历史问题，也是现实的文化效应。生产标准化带来了审美的表面繁荣，毕竟让人们穿上了新衣服，住上了坚固的楼房。但是，生产的发展是解决审美贫困的良方吗？社会化大生产的繁荣以及产业技术革命带来的人类福利和物质繁荣，与乡村审美理想是什么关系呢？

当枯燥乏味的农村生活成为主流，享受物质生活满足、获得休闲娱乐似乎是人的本能需求。一方面，由于历史上长期的物质贫困和精神压抑，丰富的物质财富最容易激起的是人的欲望和本能。更不用说当下很多农村人还停留在追求物质财富的层面，仅仅达到了基本的温饱或小康。于是，在广大农村地区，现代审美存在的最大问题，就是区分不了审美与欲望、生理满足与本能享受之间的复杂关系。沉醉于生理欲望之中，迷恋于本能的满足，都不是真正的审美，甚至还解构审美、解构文化。这会让一切变得没有意义，让一切失去存在的价值。其也成为众人吹捧的方式，仅仅因为其带来新鲜的体验和瞬时官能的满足。欲望和本能总会让审美的活动庸俗化、普遍化、同质化。另一方面，物质财富相对丰富的时代条件，现代商业模式追求速度和效率，导致标准化审美成为趋势，最能满足人的生理欲望和本能需求。物质、信息以及文化等交流变得前所未有的方便，如为人类休闲方式提供了无数选择和可能，于是迎来了泛娱乐时代。很多农村地区仿效城市文化，出现了KTV、桑拿房、桌球室等。时髦、流行、享乐，其中有审美的因子，但更多是迎合物质的欲望和官能的满足。这两方面相互推动、彼此渗透，造就了乡村的审美贫困。

中国广大农村地区泛娱乐化趋势明显，同质化和庸俗化等审美贫困问题突出，还有其他很多复杂的时代因素。其一，信息交流的不断扩大，带来休闲娱乐普遍化、碎片化。现在，信息封闭时代已经过去，信息要素的流通，

第一章 理想性·神秘性·现实性：美丽乡村的三重图景

达到前所未有的便利，甚至有新闻记者感慨要失业了。每个人都参与到信息传播上来，记者将可能不再是专职，任何一个人，都可以随时传播信息，共享娱乐。今日中国乡村，人们交相模仿，追逐新奇、休闲娱乐就是人们普遍的生活方式。其二，休闲文化产业的生产链条标准化，带来休闲娱乐的同质化。社会化大生产，就是标准的分工体系。这种分工体系，导致产业集聚和集中。产业集聚和集中，进一步要求产品的规模化和标准化。标准化产品的极大丰富，创造了休闲娱乐的一切标准化物质基础。由标准化物质基础决定的休闲娱乐方式，自然会引导休闲娱乐方式的标准化。举目四望，现在中国农村地区的很多旅游区，都成为同一模式，不需要实地查看，就知道不过都是小商品批发市场，这样的物质基础，导致了休闲娱乐方式的单一。其三，资本的追逐带来休闲娱乐的庸俗化。逐利是资本的天性。唯有不断复制，才能最大限度地节约成本，实现利润最大化。盲目逐利的后果是，为了满足和刺激人们的感官、感受，不管美丑、不分善恶，无所不用其极。资本的贪婪本性，可以导致很多休闲娱乐的庸俗化。这个问题在经济文化水平相对落后的乡村地区更为明显。

最后，由于现代文明的进步，更深层次的原因则是审美阶级性弱化以及各个阶层之间的模仿，大众审美时

· 063 ·

代降临。或者说，一般大众成了审美的主体，而不是个别时代精英创造性审美体验，这就导致审美的趋同化、商业化和庸俗化。工业化时代，社会化大生产带来产业集聚，必然带来的生产标准化、模式化，固然是审美标准化时代来临的原因之一，但普罗大众成为审美的主体，审美生活日常化，是社会时代发展的必然趋势。独立性和个性的缺失，千里不同风，百里不同俗的时代已经过去了。只有封建贵族才能读书学习以及做出审美鉴赏的时代也过去了，古典审美时代的经典作风以及极少数人才能得到审美机会的时代，也随着生产社会化发展而一去不复返了。中国地大物博，人口众多，各地区经济社会发展水平不平衡、不充分，中华审美文化的重建，并非以整齐的步伐、同样的节奏，齐头并进，而是呈现出阶层分化的特点。这就是审美的阶层性问题。当下的审美阶层性问题，简单来说，呈现出新的时代特征。经济发展水平更高的大城市，引领了整个改革开放时代的审美风格。大城市的建筑风格、文化风气、审美品位，都被复制到广袤的农村以及三、四线城市，诸如"杀马特"、网红、快意审丑等，都是对西方文化和网络文化的拙劣模仿。改革开放后，农村也发展起来了，于是农村的建筑，纷纷又模仿城市的砖混结构建筑。当前农村的砖混结构小建筑，甚至看到全国一个丑模样，这不得不说是乡村审美理想出了问题。

二、乡村审美理想的传统镜像

中华人民共和国成立以来，中国乡村审美文化正在重建中。由于特殊文化背景，中国人的审美趣味，多受制于落后的生产和科学技术水平。古典的、经典的美学仍然是有的，但绝大多数的人，在落后的社会生产水平下，没有闲暇时光，去追逐无功利的纯粹审美。改革开放后，人们关注焦点转移到了经济发展上，物质上的相对宽裕，带来精神上的空闲。人们对美好生活的追求成为时代主流。当然，物质工具主导的社会生产方式，是这个社会时代重要标志之一，影响到社会生活的各方面，甚至影响到人们审美追求。如社会生产的标准化，的确在某些方面深刻影响乡村审美。但是，我们必须注意到，在中国人的审美文化传统中，有很多独特的精神属性，这是民族审美根性与时代发展的融合体。

漫长的中国古代社会，可以说是一条缓缓流淌的璀璨的文化长河。早在山顶洞人时代，人们已经学会了打磨漂亮的珍珠饰物来打扮自己，后来，审美成了人类的特有的存在方式。古时，人们比较有品位的休闲娱乐方式或许是比较少的，却又是比较个性化的。中国是诗词文化大国。满足情感需求的诗词创作，也是非常重要，且影响深广的休闲、娱乐方式之一。中国古代诗词创作是非常个性化的艺术审美，如曹操的"慷慨任气"、杜甫的"沉郁顿挫"，以及黄庭坚"山谷体"等，都体现了独特的艺术风格。在古典艺术的时代，人们热烈地追求着人生的适意和诗意，或留恋于山水田园，或出征于大漠战场，或沉浸于清泉明月下，艺术般人生显得纯粹而美好。可以说，正是在这样的艺术留存中，可以窥见中华乡村文化的审美理想。几千年来，什么样的乡村是人们所向往的呢？作为相对稳定的审美镜像，乡村美在何处呢？

（一）静谧安宁的乡村

自古以来，乡村都应的宁静而美好的。静是乡村最美好的本质之一，其代表了乡村本来的模样。而且，中华民族的性格也是静，与自然、万物无争的合一，有浓重的恋乡情结。王维"明月松间照，清泉石上流"至今让人神往，也是由于人生而静。安静的乡村，对于很多忙碌城市人而言，当下仍然是"澡雪"精神的地方，在于其能安定心神，与万物合一。

王维《山中》："溪清白石出，天寒红叶稀。山路元无雨,空翠湿人衣",①写的也就是他居住地方的宁静美好。恬静的生活状态,是脱离了束缚的自由状态,或者说是形而上的超越状态。有限世界中的人,对于无限性的追逐,似乎总是在寻找自己安逸、舒适而自由的状态,或者说永恒的状态,唯有静,能够让人暂时地脱离有限性的束缚。这是人生的自由和超越性尺度的体现。静谧的乡村必然是清新可人的。乡村不是靠繁华的装饰、喧嚣的马龙来构建的,而是在鸡鸣犬吠的声音中、山水林田湖的倒影中呈现出来的。清新的晚风、淡淡的乡愁,都是凝聚于宁静乡村的美好之中。

在中国古老的文化传统中,宁静的乡村才是真正的乡村。几千年来的山水田园诗歌以及绘画,都呈现出乡村的安宁,这是主流的审美理想。在儒家的人格理想中,"静"是非常重要的品质之一,孔子云"仁者静"②,就是这个道理。人生而静。孟浩然《夏日浮舟过滕逸人别业》:"水亭凉气多,闲棹晚来过。涧影见松竹,潭香闻芰荷。野童扶醉舞,山鸟笑酣歌。幽赏未云遍,烟光奈夕何"。③

---

① 杨文生:《王维诗集笺注》,成都:四川人民出版社,2018年版,第761页。

② 朱熹:《四书章句集注》,北京:中华书局,1983年版,第90页。

③ 佟培基:《孟浩然诗集笺注》,上海:上海古籍出版社,2000年版,第99页。

写山间乡村的静谧景物，也是人心归处。南北朝吴均《山中杂诗》："山际见来烟，竹中窥落日。鸟向檐上飞，云从窗里出。"[1] 都是写出了乡村的宁静。类似的文学艺术作品非常多。寻觅原因，与中国古老的静观文化息息相关。老子说："致虚极，守静笃。万物并作，吾以观其复。夫物云云，各归其根。归根曰静，静曰复命；复命曰常，知常曰明。"[2] 在道家的眼中，静的归根，是复命，是世界的本原。在孔子眼中，"知者乐山，仁者乐水"[3]，或是说古人的智慧中，所"仁者静"[4]，静是永恒的、持续的、本质的，静谧而清新的乡村，是中国文化传统中的乡村审美理想。

静谧安宁的乡村，似乎是几千年来乡村的第一审美原则，其代表了乡村的基本审美特征，所以，乡村美在静。

（二）平淡祥和的乡村

和，是中华美学精神中的重要因子之一。乡村是一个小社会，人与人之间平淡祥和，是人们眼中的和谐审

---

[1] 逯钦立:《先秦汉魏晋南北朝诗》，北京：中华书局，1983年版，第1752页。

[2] 朱谦之:《老子校释》，北京：中华书局，2000年版，第65-66页。

[3] 朱熹《四书章句集注》，北京：中华书局，1983年版，第90页。

[4] 朱熹《四书章句集注》，北京：中华书局，1983年版，第90页。

第一章 理想性・神秘性・现实性：美丽乡村的三重图景

美理想，所谓移风易俗，即是如此。每个乡村，民有刚柔缓急，音声不同，系水土之风气，这就是"风"；而乡村里面的每个人，其好恶、取舍、动静，以及情欲不同，则谓之"俗"。广大乡村关系，不是资源和生产要素的争夺，而是平淡和谐的相处。既有人与人的和谐，也是人与自然的和谐，平淡祥和的乡风乡俗，可谓是乡村真正内在的灵魂，是美丽乡村建设的审美理想之一。

平淡祥和之美，也是风俗淳朴、乡风文明之美，是真正的内修气质。淡，意味着不稠、不争、不夺，是乡村中人与人之间最真实、和谐的关系。大自然的法则是物竞天择、适者生存，而社会伦理法则是互助友爱。孟子说过："老吾老，以及人之老；幼吾幼，以及人之幼，天下可运于掌。"[1] 说的就是乡村社会人与人和谐美好的关系。孟浩然《过故人庄》："故人具鸡黍，邀我至田家。绿树村边合，青山郭外斜。开轩面场圃，把酒话桑麻。待到重阳日，还来就菊花。"[2] 写出的乡村就是平淡而祥和的。这种乡村的美好，是中国传统文化的灵魂。还如桃花源中的"阡陌交通、鸡犬相闻"[3]，"老少垂髫，并怡然

---

[1] 朱熹《四书章句集注》，北京：中华书局，1983年版，第209页。

[2] 佟培基《孟浩然诗集笺注》，上海：上海古籍出版社，2000年版，第340页。

[3] 袁行霈《陶渊明集笺注》，北京：中华书局，2003年版，第479页。

自乐"①，也是写出来了民族的理想。辛弃疾眼中的某个村落："茅檐低小，溪上青青草。醉里吴音相媚好，白发谁家翁媪？大儿锄豆溪东，中儿正织鸡笼。最喜小儿亡赖，溪头卧剥莲蓬。"②简单真实而平淡的乡村生活，人与人之间相亲相爱，就是乡村呈现的最真实的人间美好。

中国传统文化，讲究以淡为美，反对奢侈浪费，提倡节俭养德。以淡为美，是自然生态的原初理想。淡和的乡村，能够给人以美好的体验，是精神上栖居的远方。平淡祥和的关系，不仅是人与人之间的和谐关系，而且是人与乡村之间的融合，是在对象化关系中平等的、简单的相处，或者说，人与乡村之间没有异质性，是一体合一。

平淡祥和的乡村，是人与人之间的和谐相处，是人与自然的完美和谐，是一切遵从万物运作规律的平淡祥和。所以，乡村之美在于和。

（三）悠闲舒适的乡村

简单来说，在西方文化体系中，自轴心时代开始，人们就有强烈的认知世界，克服自身异质性的探索倾向，

---

① 袁行霈:《陶渊明集笺注》，北京：中华书局，2003年版，第479页。
② 邓广铭:《稼轩词编年笺注》，上海：上海古籍出版社，1998年版，第193页。

第一章　理想性·神秘性·现实性：美丽乡村的三重图景

于是柏拉图主义一直影响着这种"向外"的知识欲。而中华民族则更倾向于"内"的探索和"求善"的道德秩序建构。在物产丰富的东土大地上，对内心秩序的关注，是中华民族传统文化典型的特征。内心的道德秩序以及自我精神建构，是几千年来知识分子对关注的点。西方传统文明尤其是古希腊文明是从外部世界的认知中，寻求人自身的有限性的解放。而中华民族是从内在心灵出发，寻求在黑暗的有限性中的超越，就是寻找自身的悠闲、自由体验。

　　中国传统乡村文化，就是以退处江湖之远，来实现内在心灵的自由。心灵越是自由，越是悠闲自适。老庄思想中对自由、超越的精神诉求，有非常精彩而形象的论述。庄子谈逍遥游，也可看成是人生态度。儒家人都是在庙堂之上饱受挫折后，回到乡村享受难得的悠闲。王建《雨过山村》："雨里鸡鸣一两家，竹溪村路板桥斜。妇姑相唤浴蚕去，闲看中庭栀子花。"[1] 写出了雨后山村美景，而且更深层次的是作者自身的悠闲、自由和舒适的心态。王维《田园乐》："桃红复含宿雨，柳绿更带春烟。花落家童未扫，莺啼山客犹眠。"[2] 这首诗，也是写出了乡

---

[1] 彭定求等：《全唐诗》，北京：中华书局，1979年版，第3431页。
[2] 杨文生编著：《王维诗集笺注》，成都：四川人民出版社，2018年版，第372页。

· 071 ·

村的悠闲生活。中国古典文人诗词中，有相当多的作品抒写悠闲的乡村生活，这也体现了中国传统文人对自身内在性的状态的关注。

乡村生活是与自然的接近，更倾向于生命的自由真实。人要克服自身异质性，在乡村更能感受到自然的亲近，接触到自由生命状态。古代知识分子早已意识到这点，几乎所有的闲情偶记，都是来源于乡村，于是形成了几千年来乡村悠闲生活的图景。

悠闲舒适，是个人与世界相处的一种良性状态。当个人与世界融为一体，感受到世界的和谐美好，如陶渊明般"悠然见南山"，基于自由劳动的个人身心，就是悠闲舒适的。乡村之所以美，还是美在闲。

三、乡村审美理想的人学意涵

很多人眼中的乡村，似乎显得凌乱、破落而无序，人与人之间冷漠、攀比，于是，人们就会去探求理想中的美好乡村，去追逐乡村的审美理想。好在人类社会不断朝着更美好的方向发展，特别是物质生产力的进步，为人的自由而全面发展提供更多的时空可能。未来社会的人类共同体，似乎可以真正实现艺术创造生活，生活即是艺术。而这种乡村生活理想，在中华民族的文化体系中，历来有丰沃的土壤，有伟大的民族传承。自古以来，特别是社会精英眼中的乡村理想，传承了整个民族的文化基因和理想探索，可谓是中华文化上一脉相承的乡村文化灵魂：基于人自由生存状态的美丽乡村理想。

　　国家、民族最不能或缺的是理想。陈望衡说："中华民族是注重实际的民族，但也是注重理想的民族。"[①]美丽乡村建设，需要有理想有目标，然后才能清晰地与之接近。美丽乡村建设，也是需要有审美理想的。什么是审美理想呢？颜翔林说："审美理想具有这样一些宝贵的精神禀赋：首先，它追求无限可能性和绝对的美""其次，诗意和浪漫是构成审美理想的两个重要旨趣""最后，审美理想集中呈现于艺术境域。艺术是人类精神结构有价值的自由象征，也是集中地呈现审美理想的符号世界，它既是审美理想的逻辑起点也是审美理想的精神家园。所以，艺术世界是审美理想的集聚地和精彩表演的舞台"[②]。简言之，审美理想就是人们所期待的、所仰望的最美好、最崇敬的真善美的境界。与马克思主义中国化相结合，中国传统的审美理想和精神家园是中华文化

---

① 陈望衡：《神仙境界与中国人的审美理想——神仙道教的美学意义》，《社会科学战线》，2012年第2期，第60—66页。

② 颜翔林：《论理想的特性及其与审美理想的逻辑关联》，《社会科学辑刊》，2019年第5期，第45—50页。

中的宝贵财富，对于今天的美丽乡村建设仍然具有重要的文化指引作用。

在中国传统典籍文献中，关于中华民族审美理想有很多说法。现代人有阐释说是古典艺术上的意境，通过其历史演变、哲学内涵和空间结构的分析，来说明意境的审美理想；有的说是道法自然，对自然清新、淡泊宁静的追求和向往；有的说是清俊通脱的魏晋风骨；有的说是文质彬彬的人格理想，或"富贵不能淫、贫贱不能移，威武不能屈"的浩然正气。可知，审美理想都是关于人的生存状态的，与人的自由和发展息息相关。

每个村落都有自己的审美理想。在中国传统思维习惯中，基于天人合一的思维范式，有一个显著的特点，就是人格理想、审美理想甚至乡村社会理想始终合而为一，最终落实到人的生存状态本质问题上。人格理想渗透到社会发展、文化进步中，而在社会文化发展中，无处不有人格理想。美丽乡村，是人格发展、社会进步的摇篮，其中也贯彻有人和社会的审美理想。乡村的审美理想，不同于艺术的表达。艺术上的表达更具备超越性、随意性特征，可在无限世界中自由飞翔，而乡村社会往往更具备现实性特征，两者之中可以相互补充，同构中华民族的审美理想。尤其是乡村审美理想，融合了人与自然的关系，天人合一的体系中生成生生不息的生态系统，天地人万物相通，循环运行，构成动态体系。举例来说，孔子渴望的生活状态或是乡村社会理想是"暮春者，春服既成，冠者五六人，童子六七人，浴乎沂，风乎舞雩，咏而归"①，表达的也是这个意思，勾勒的是乡村美好画面，更是人的自由而随心所欲不逾矩的存在状态。

乡村审美理想都是关于人的，关于其成长、自由和发展。孔子说"兴于诗，立于礼，成于乐"②，"志于道，据于德，依于仁，游于艺"③，在古代哲人看来，整个文化、社会的理想，总是与每个人的人生发展、道德建设、自由状态结合在一起的。一代有一代的审美理想，而每一代人在构想自己乡村理想的时候，都是与人的生存状态融合的。

乡村似乎就是诗和远方。中华民族是诗意的民族，人们对审美理想有更深的领悟和更精彩的表达。春秋战国时期，就已经开始有对山水田园的抒写。屈原漫步江边田野，以超凡脱俗的手法，写出与日月争光的瑰丽诗篇，灿烂至极。屈原心系国与家，"余既滋兰之九畹兮，又树蕙之百亩。畦留夷与揭车兮，杂杜衡与芳芷。冀枝

---

① 朱熹：《四书章句集注》，北京：中华书局，1983年版，第104—105页。

② 朱熹：《四书章句集注》，北京：中华书局，1983年版，第94页。

③ 朱熹：《四书章句集注》，北京：中华书局，1983年版，第94页。

叶之峻茂兮，愿俟时乎吾将刈"①，这是虚写，但也是特征非常明显的美丽乡村的景色，香草美人的美丽乡村，也是其人格理想。汉赋都是描写大都市的壮美景观，乡野村夫的山林之趣完全被掩盖下去。直到魏晋时期，竹林七贤"越名教而任自然"，山林野趣作为人格理想或情怀，开始被记录下来。中国古代乡村的模样开始越来越清晰地呈现出来。这些当时的名士，寓居山村，有酒有竹，有诗有酒，以章章名篇，畅叙审美理想。卢纶《秋夜同畅当宿潭上西亭》："圆月出山头，七贤林下游，梢梢寒叶落，潋潋月波流。"②写的都是竹林七贤隐居山野村落，享受"任自然"的乡村生活。乡村的隐居生活、山林野趣成了对抗政治上的龌龊的手段，代表着更为崇高的人生自由宗旨。

魏晋时期，出现了一个最为著名的村落：桃花源。凭借此篇，陶渊明的审美理想更具有代表性，似乎成为古代美丽乡村的审美文化符号。"结庐在人境，而无车马喧。问君何能尔？心远地自偏。采菊东篱下，悠然见南山。山气日夕佳，飞鸟相与还。此中有真意，欲辨已忘

---

① 汤炳正等：《楚辞今注》，上海：上海古籍出版社，1997年版，第8页。

② 彭定求等：《全唐诗》，北京：中华书局，1979年版，第3174页。

第一章 理想性·神秘性·现实性：美丽乡村的三重图景

言"①，他得意忘象，领悟真意，以自由无拘束的人生状态，充满乡村生活的乐趣。陶渊明诗意隽秀悠长，不同流俗，心远地自偏，写出的是那个时代文人的审美理想，也写出一代又一代人所向往的美好乡村生活理想。

在中国的文化长河中，出现过不少闻名千年的村落。杜牧"借问酒家何处有，牧童遥指杏花村"②，即著名的杏花村。李白路过的桃花潭，"李白乘舟将欲行，忽闻岸上踏歌声。桃花潭水深千尺，不及汪伦送我情。"③陆游游览的山西村，"山重水复疑无路，柳暗花明又一村"④，岑参寻访罗生的草堂村，"数株溪柳色依依，深巷斜阳暮鸟飞，门前雪满无人迹，应是先生出未归。"⑤张籍笔下的江村，"江南人家多橘树，吴姬舟上织白纻。土地卑湿饶虫蛇，连木为牌入江住。江村亥日长为市，落帆渡桥来浦里。青莎覆城竹为屋，无井家家饮潮水。长江午日酣春

---

① 袁行霈：《陶渊明集笺注》，北京：中华书局，2003年版，第247页。

② 吴在庆：《杜牧集系年校注》，北京：中华书局，2008年版，第1432页。

③ [清]王琦注，[明]胡之骥注，李长路，赵威点校《李太白全集》，北京：中华书局，1998年版，第646页。

④ 钱仲联：《剑南诗稿笺注》，上海：上海古籍出版社，1985年版，第102页。

⑤ 陈铁民等：《岑参集校注》，上海：上海古籍出版社，1981年版，第435页。

· 077 ·

酒，高高酒旗悬江口。倡楼两岸悬水栅，夜唱竹枝留北客。江南风土欢乐多，悠悠处处尽经过。"[1]这里的江村，处处美景。古人用诗歌抒写出自己的文化理想，实际上也是生活理想，更是关于人的自由生存状态。

基于乡村审美理想的意涵，中华民族的乡村建设具有自己的特性。其不能仅仅停留于物理物质层面的乡村建设，更是关于人的发展、自由等问题。站在一个商品经济的时代浪潮中，商品消费带来的审美贫困问题日益凸显，未来世界的产业化发展道路尚未明晰，回望一下，或许得到一些启示。中国人并非不会审美，也并非没有审美能力，中华美学精神源远流长，中华民族的审美理想早已深入人心，回望下历史，或许能够为今日审美理想和信念的缺失找到一些解救的思路。

回望中国古代美丽乡村的文化灵魂，基本上是追求天人合一的理想，以山水田园的古代艺术品鉴，勾勒了一幅又一幅的古典画，凝聚了古代美丽乡村的精神灵魂。可以是一种有效的现实策略，为今日的美丽乡村建设提供一些思考。

美丽乡村的理想境界，来自历史逻辑之中。中国古

---

[1] 彭定求等:《全唐诗》,北京:中华书局,1979年版,第4288-4289页。

代社会中，唯有少数艺术精英，才能在山水田园中体验、感受到乡村的美好，创造了大量的古典诗词作品。对于绝大多数底层的普通民众而言，奔忙于解决温饱需求，无暇感受乡村的美好。时空穿越，信息化时代来临，商品经济极大繁荣，让每个人都能够感受到自由、平等和美好。即使现当代人口激增，但人们的生活水平不再是温饱线上，而是有了更高层次的追求和向往。这就是审美的需求。人人都有了审美的需求，审美阶级性弱化，但商业消费带来的同质化、标准化问题，却让审美格调、审美理想缺失了。未来社会，产业化经济大发展，每个人的审美体验会更加多元、丰富，人人都具备良好的审美能力，获得自由而全面的发展。

第二节　美丽乡村的神秘境界

现代科学技术把一切都看得仔仔细细，似乎一切都是袒露于天下。如果一切皆可预测预知，陷入宿命色彩，则可能使得一切失去了意义。形而上的追求和向往，神秘的未来和隐秘的角落，却又开始让人神往。在无数游子眼中，乡土中国似乎总有一层神秘面纱，会给人以无尽浪漫的美好遐想。自古以来，中国乡村文化作为原始

· 079 ·

文化的留存和农耕文化的凝结，天然具有某些内容和形式上的神秘性。这既是由于古代农耕文明的技术手段落后，也是由于时空距离原因，自然形成了这种神秘美感。神秘美感或许也更靠近中国传统审美理想，凡是"乌托邦"式理想，总是高悬于冰冷现实之上，因其神秘的魅力更靠近它，似乎也是人自我满足于探索和进步的历程和足迹。

一、天人合一的魅力

中国古代美丽乡村，由于历史影像资料的缺乏，只能存在于古代知识分子的诗词曲赋画中。就好比是水墨山水中的美丽乡村一样，在历史的留白中，在审美的距离下，往往就被蒙上了神秘的面纱。有了这层神秘的面纱，再来观察古代美丽乡村，在无限的想象中，就会别生意味出来。什么是神秘性呢？就是说，对观赏者而言，美丽乡村不仅是现实的生存空间的，或者说，其意义不仅是在于提供生存的需要和物质的满足，还有精神上的期待和满足，或者说有乡愁、乡恋等意义。由于脱离了实际的物质需求，成为精神上的向往和追求，其就具有了神秘属性，如陶渊明笔下的桃花源，总是让人神往。

美丽乡村的原始图景，难能可贵的也是拥有神秘面

第一章 理想性·神秘性·现实性：美丽乡村的三重图景

纱。正是由于乡村天生具备的神秘属性，让其美其所美。美学的感性，最直接亲近于形而上的神秘主义。德国美学家鲍姆嘉通说，美学是关于感性认识的学科。不同于运用概念、判断、推理的理性思维，感性认识更多运用表象的思维。这是形象思维的模式，其中包含大量情感、意志等非理性的内容。相比于理性思考，这种表象式思维模式，显然更亲近于神秘主义。所以，陈望衡说："仅就美学来说，它的意义不可小觑。众所周知，审美的本源是感性，美学原初即为感性学。不管哪种美，如果不能作用于人的感性器官，首先成为人的感性的享受，它就无法登上审美的殿堂。美的最高层面须达至理性，然而其基础层面却是在感性，而且即使达至理性，其理性也必须与感性相融汇，成为感性的理性，此种审美的形态称之为境界。"[①] 感性的境界中，神秘属性最能让人超越自身的有限，达到形而上的超越性境界。中国文化传统中，总体来说文人感性是先于理性的，感性来自天人合一的融合，是人与自然的感性交流。

生命之所以如此精彩，在于感性是生命中最灿烂的花朵之一。文化生命和灵魂的意趣，之所以如此璀璨，就在于其充满无穷无尽的神秘主义气息。乡村是人类进

[①] 陈望衡《神仙境界与中国人的审美理想——神仙道教的美学意义》，《社会科学战线》，2012年第2期，第60—66页。

入定居生活后最伟大的创造，体现的不只是人的智力，更有人的社会化生存、自由发展的需要。《诗经》中就有丰富的农业文化的经典符号，构成了中国古代最原始的依赖血缘关系聚族而居的天人合一的艺术画面。屈原的《天问》提出诸如"蓱号起雨，何以兴之？撰体协胁，鹿何膺之？鳌戴山抃，何以安之？释舟陵行，何以迁之"[①]等问题，标示了特定时代的人们，开始从内到外，不仅关注个人内在的需求，且开始寻求与自然山川万物合一的奥秘。秦汉时期出现的一些画像石、画像砖上就描绘了农业活动的质朴画面，凸显出中华农民的审美意识的萌芽和发展，其中与世界万物的融合交通，或以之为生命体系之一部分，蕴含着特定时代人们的宇宙观念、主体意识、生命冲动和创造的激情。几千年后的今日乡村，广大农民朋友仍然努力打扮着自己的人居环境，或是给房屋贴上瓷砖，或是做漆，定制漂亮的家具，等等，爱美、爱自然的民族的审美意识不断进化，都是民族生命的重要组成部分之一。

自然山水田园的乡村生活，似乎永远蕴含着无穷的神秘性。古代士大夫对于自然山水田园的审美理想，肯定不属于人的物质生活的追求领域，而是超越了物质世

[①] 汤炳正等:《楚辞今注》，上海：上海古籍出版社，1997年版，第94页。

界，有意识地寻找物质之外或之上的东西。人们不断向天地追问，其中看不见摸不着的神秘东西，却有着无穷的吸引力。所以，对自然山水田园的审美，不是从自然景物中获取，而是要经历精神、理念、情怀和理想等主观洗礼，也就是天人合一的情感交流、自由体验的过程。如，王维的"涧户寂无人，纷纷开且落"[1]，"深林人不知，明月来相照"[2]等，其中的景物透露出生命的禅意，透露出超越溪水、深林之外的追求和向往。宗白华说："人类在生活中所体验的境界和意义，有用逻辑的体系范围之、条理之，以表出来，这是科学与哲学。有在人生的实践行为或人格心灵的态度里表达出来的，这是道德与宗教。但也还有那在实践生活中体味万物的形象，天机活泼，深入'生命节奏的核心'，以自由谐和的形式，表达出人生最深的意趣，这就是'美'与'美术'。所以美与美术的特点是在'形式'、在'节奏'，而它所表现的是生命的内核，是生命内部最深的动，是至动而有条理的生命情调。"[3]自然山水田园是蕴藏着"美"的宝库，是与人进

---

[1] 杨文生编著：《王维诗集笺注》，成都：四川人民出版社，2018年版，第359页。

[2] 杨文生编著：《王维诗集笺注》，成都：四川人民出版社，2018年版，第355页。

[3] 宗白华：《美学散步》，上海：上海人民出版社，1981年版，第99页。

行无限精神交流和灵魂流动的宝藏。

　　不同于近现代的工业文明，古人的神秘主义审美倾向，在与自然、世界的对象化融通中，往往还具有强烈的人类史诗性质。能够记录特定时代的人们普遍思想意识和想法。这与古希腊罗马时期的西方文化有共通之处。于是，神秘主义似乎具有无穷的魅力，吸引人们去探索和发现。所以说，古乡村的神秘性，还体现在社会理想上。老子曾设计过"小国寡民"的社会理想："小国寡民，使有什伯之器而不用，使民重死而不远徙。虽有舟舆，无所乘之；虽有甲兵，无所陈之。使民复结绳而用之。甘其食，美其服，安其居，乐其俗。邻国相望，鸡犬之声相闻，民至老死，不相往来。"① 这种回归原始结绳记事社会状态的理想，由于其不可实现性，很明显带有神秘气息。乡村社会只需鸡犬相闻，人与人之间老死不相往来，的确是走向了神秘之境。相对而言，儒家人谈社会理想更现实一点。《礼记·礼运》："大道之行也，天下为公。选贤举能，讲信修睦。故人不独亲其亲，不独子其子，使老有所终，壮有所用，幼有所长，矜寡孤独废疾者，皆有所养。男有分，女有归。货恶其弃于地也，不必藏于己；力恶其不出于身也，不必为己。是故谋闭而不兴，

---

① 朱谦之：《老子校释》，北京：中华书局，2000年版，第308-309页。

盗窃乱贼而不作，故外户而不闭，是谓大同。"① 彼此扶携的天下大同，就好比陶渊明笔下的神秘的桃花源一样。

建设美丽乡村，为什么要谈神秘主义呢？一个时代有一个时代的神秘性，古时是由于自然科学认知的落后，带有原始先民的文化特征；当下乡村建设，再谈神秘性，是突出人们对乡村建设是不断的探索过程，是在不断追索、寻找中，创造出乡村的新可能、新秘境。人与世界总是在追逐完全统一的关系，又往往事与愿违，但这并不影响人类永远追逐着与世界的同一。对神秘主义的亲近，并不是倡导神秘主义，而是借神秘主义的审美倾向，突破工业模仿、复制等审美贫困。山水林田湖，在古人的审美意识中，总有神秘的文化意蕴，寄托了人与自然天人合一的文化理想。可以说，天人合一，是人类最舒适、最安逸的存在状态之一。或者说，天人合一是神秘的高峰体验，就个人而言，是真正获得绝对自由的体验。神秘主义给乡村的美增添了不一样的底色，会让人更为神往。

二、资本祛魅神秘性

中华文化起源于农耕文明，离不开山水田园，这是根和魂。近代工业文明带来的社会分工以及生产集中，

---

① 孙希旦《礼记集解》，北京：中华书局，1989年版，第582页。

随着社会化大生产的进一步合理布局，私有化和垄断完全消失，城乡二元格局逐步被消解。但是，自由而全面发展的人的灵魂，最终还是会回到自然中，回到山水田园中，于山水自然中寻得栖息以及归宿。

乡土中国，是无数人的依恋和乡愁，其神秘主义的气息，往往藏于每个游子的心中。生命的任何灿烂，归根到底，都将归于尘土。很多人都对乡土、土地有浓厚的情结，这里孕育了生命和一切可能，是最原初的本质，是最规律的可能。先秦时期《击壤歌》："日出而作，日入而息，凿井而饮，耕田而食。帝力于我何有哉。"[1]这是几千年来中国人一贯追求和奉行的规程，早已在中华民族的集体意识中扎下根来。王缙说："远县分朱郭，孤村起白烟"[2]，这是中华民族的乡愁和向往，是心里面最安静和平和的地方。

在广袤的黄河、长江中下游流域，在华北、华东平原，在四川盆地、关中平原，在秦岭南北，在武夷山脉、山海关内外，中华民族几千年来都以农业立国，宋希庠说："以农立国者垂五千年，劝课农事，溯源极古。后世因袭，

---

[1] 沈德潜:《古诗源》,北京：中华书局,1977年版,第1页。

[2] 杨文生编著:《王维诗集笺注》,成都：四川人民出版社,2018年版,第401页。

第一章 理想性·神秘性·现实性：美丽乡村的三重图景

莫敢或轻"。①历史的血脉，融入了民族的特性。中华民族的一切文化根源，都可以在农村找到根基。陶渊明《劝农》："悠悠上古，厥初生民，傲然自足，抱朴含真。"②立农，就是中华民族生命之源、文化之源。乡土美，蕴含其中。

在中华民族思想体系中，乡土的依恋和美好，往往是置于心灵的最底层，置于最安稳、最宁静的地方。在古代中国，人们无处安放的情怀，普遍游走于"庙堂之高"和"江湖之远"，而高高的庙堂，往往是首选，是他们努力去谋国、谋前程的地方。一旦遭受挫折，宦途折戟，唯有乡村、野山，成为心灵寄托的乐园。古代人的情怀，游走于这两处地方，往往是缺一不可的。官场代表了事功，是治国平天下的人生理想，而谪居则是归隐，是与自己内心和解的自由体验。随着时代的发展，当代人的选择有很多，实现人生价值的地方也很多，不再局限于儒家思想价值体系中，而是与社会大生产更密切联系。随着生产力的巨大进步，几乎每个人都有可能参与到社会生产中来，实现自我价值。社会化大生产的组织形式多种多样，而近代西方以资本为血脉，则是让社会

---

① 宋希庠：《中国历代劝农考》，正中书局，1935年版，第1页。
② 袁行霈：《陶渊明集笺注》，北京：中华书局，2003年版，第34页。

化大生产有了无限复制和扩大再生产的可能。资本，以其独有的贪婪属性，与"物"联合起来，主导社会生产，影响着社会生活的方方面面。

物质生产与资本的耦合，是对社会生活最大的影响，就是对于人的心灵自主、自由空间的侵蚀，物质中心主义下的人，变得不自由、不轻松。在诸多研究理论中，异化的说法，比较为人所熟知。人的主体性被物所异化，不再享有主体的自由属性，自由的灵魂被束缚、被盘剥，这是资本时代最大惨案之一。具体来说，主要是进入商品经济时代，生产力爆炸性增长，创造的产品比过去一切时代创造的全部产品还要多。商品生产不再是满足自身需求，而是满足社会需求，是把整个社会生产捆绑于一起，以简单、廉价的方式追求工业商品的复制和增值。与商品价值伴随而生的资本，在商品交换、扩大再生产的循环中，追求增值。货币资本、生产资本、商品资本各自独立又彼此联结，生产、分配、交换无限循环，每个人都深陷其中，以自己的角色分工，推动社会化大生产不断深入发展。这不再是人身依附关系的时代，这已经转换为依赖物的商业交换的人的"自由"时代。

改革开放以来，我国经济发展很快，人民生活水平提高也很快。城镇化推进速度非常快，城乡二元结构非常明显，互联网、物联网等新技术、新媒介层出不穷、日新月异。我国农村正处在思想大活跃、观念大碰撞、文化大交融的时代。同时，也出现了很多问题，其中最突出的问题之一，就是农村建设重物理属性，忽略了文化底蕴，失去了风格，几十年来一个样，一味地模仿、照抄城市。个别地方的农村变成了喧嚣的闹市，模仿城市的规划布局，越来越四不像。

现代乡村日常生产生活，包括衣食住行游购娱，构成整个村落生态体系。在城市化的迅猛进程中，灿烂的商品经济光芒，也照亮了村落。除了远离城市的山区村落外，很多近郊村落，里里外外发生深刻变化。居住在乡村的人们，对于乡土归属越来越模糊，只剩下还留存在乡音中的乡愁。

古老乡村在商业利益带动的无限复制之下，逐渐失去了神秘感，让乡村失去了原本的魅力。诚然，当下的很多乡村都在变新变美，不再破陋、贫困，但也失去其原本的特色。具体来说，主要呈现在如下三个方面。

（一）自然人居环境

就村落空间而言，一般来说，有农业生产场所如农田水利等，以及乡村公共生活空间和私人生活空间等。众所周知，自然人居环境是村落的硬件基础。如果忽视生态保护、一味求取资本增值的话，则会给乡村带来生态伤害。现实是如果过度耕作、大棚养殖或化肥过量使用等，都会带来或多或少生态问题。至于农村的公共生活空间，很多地方在仿照城市社区建设模式，在村落公共艺术空间的生产和扩张上，诸如灯饰、雕塑、壁画、景观设计甚至数字影像。这样的人居环境，缺少蕴含乡村历史记忆和文化积淀的美感，也带来了审美的贫困问题。

（二）乡村人口因素

说到人口因素，主要包括乡村人口数量和质量两方面。美丽乡村的建设，离不开人才振兴。一方面乡村不能出现空心化现象，另一方面乡村建设工作者必须具备良好的素质。现实情况是，即使是乡村里面的年轻人，也缺少对美的认知、体悟能力，可以想见，这是无法建设美丽乡村的。更重要的是，乡村建设工作者还须有发自内心的意愿和动力，自内而外，以强烈的愿望和情感，去建设美丽乡村。这种内在动力，非外部刺激和约束，体现为自发地继承和发展乡村美好传统，形成各个乡村各自独立的文化脉络和谱系。但是，在农村很多地区，高素质的人才队伍还比较欠缺。

（三）情感体验或审美趣味

当下人的美感缺失，审美能力、审美趣味、审美意识有待提升。尤其在资本下乡背景下，人们的审美趣味面临重塑，日常生活审美化，并没有真正导向人类自由发展的目的。日常生活无处不在的审美快感，让审美趣味发生偏转和异化，使非美的变成美的，衣食住行等商业活动嵌入日常审美生活，早已与传统高雅艺术鉴赏没有纯粹、显著界限，审美混沌如一体。经济发达地区这种混杂局面带来的边际效应，也在乡村显现其影响力。这种混沌局面只会带来村落审美的迟滞。乡村的精神生活较为单一。村民除了电视、手机以及其他便携式电子设备等日常通信设备，其他提升审美能力和接受艺术熏陶的场所很少。在这种环境下，重建乡村情感体验和提升审美趣味，还是非常艰巨的工作。

资本的显著特征在于利益纠缠，对于人与世界的共情关系、愉悦关系以及人与人之间和谐关系等情感分配关系，是具有一定破坏性的。原本由山水林田湖草构筑的田园牧歌式村落审美，往往是一些小花费、小投入、小激励，都能达成极好的审美效果，进入高尚纯粹的自由体验、快乐境界。相反，曾盛行一时的古镇古村建设，很多是基于浅层意象的模仿，即只能显现出表面的热闹，而缺少深层的内涵。如很多人只能看到天上的月亮，地上的溪流，却不能体会到"明月松间照，清泉石上流"的美好意境，真正实现人与自然的心意相通的和谐、清幽的境界。所以说，资本需要合理规制，科学规划，在特定历史阶段发挥其作用，限制其无限扩张，以及避免其对乡村的祛魅。

三、走向复魅的可能

美丽乡村如何复魅？即使是古人所谓的神秘主义，在今天，也是能够实现的。如，桃花源，如今也可以到处寻到，人们依然十分向往。一般来说，回到过去，不能产生神秘主义，只能导致肤浅的模仿主义、折中主义、形式主义。但是，不管是空间距离，还是时间距离，距离都能产生美感或神秘感，这是一种神秘的心理机制。人们不断地逃离自己熟悉的生活环境，需求新的感官刺激，作为本能的生活方式的存在，以追求神秘的魅力和新的可能。所以，复魅，是可能实现的。

首先，复魅不是简单物理模仿或重现。美丽乡村建设当中，一味地复原古代村落的面貌，并不一定是完全恰当的。以村镇建设为例，过去一段时间，全国各地出现不少古村古镇，很多资本运营商，以古村落为噱头，捞商业开发实利。即使如此，各地争相仿效，你追我赶，最终出现不少假古董。特色小镇并没有真正实现特色化、个性化。类似建设，由于缺少真正的文化内核和思想灵魂，在商品开发外衣下，很容易迅速走向衰败。实际上，原生态的村落之所以吸引人，更多是其诗性的持守、原初文化的魅力，是内在核心灵魂。即使没有雄伟壮观的建筑，由于与原生态高度的融合，也散发着诗性魅力。

在商业逻辑引领下，在不少农村地区，还出现不少模仿古代民风民俗的表演项目，以原生态的民间音乐、舞蹈为旗帜，二次搬运"原生态"，以商业运作的形式，铺展开来。这类商业项目能够引起人们对原生态的文化记忆，了解相关的知识、习俗和仪式，对于古村落文化传承和保护都有积极意义。但其归根到底是商业运作项目，以盈利作为根本目标和存在意义，都会受到时空条件的限制，终会有偃旗息鼓的时候。真正让村落重新焕发魅力，成为人们真正的精神家园，简单地模仿和重现还是不够的。审美是宏大的，乡村审美更是复杂而宏大的，简单的商业复制肯定是无法解决乡村审美贫困问题的。这个系统而宏大的工程，需要全民的参与，需要时代的推进和检验，唯有在美丽乡村建设的进程中，不断突破自我局限，不断追寻乡村真正的魅力，才能于其中找到美。

其次，复魅需要自我否定。资本运作导致社会分工和生产集中，同时，大城市的产生导致城乡二元布局形成，城乡功能定位的区别，让乡村的魅力有了修复的可能。具体来说，一方面，商品经济时代，农村经济地位、社会影响、意识形态、精神生活等全方面落后，于是，模仿、追赶城市风格，出现自我定位偏差和缺失；另一方面，马克思提出的三大差别终将消失，城乡差别必将弥合，农村独立自主的审美文化生态也有修复的可能。这就是乡村的自我否定的过程，于内在的自我否定中寻得发展的可能和良机。简单来说，就第一重否定而言，村落的一切自然禀赋、文化资源都是有限的，人类一切活动都是以有限的客观条件为基础，包括感性的审美活动也是如此的。但是，资本的无限扩张欲望，带来的无限生产的需求，导致第一重矛盾，由此需要对农业生产进行合理的规制和管控。就第二重否定而言，资本的无限扩张欲望，不仅造成自然资源的紧张，还带来感性缺失。因为感性的自由匹配无限的自然资源，有限自然资源限制了感性的自由，导致审美危机，更无法实现审美的超越。或者说，无限的资本控制欲望与有限的审美感知之间矛盾，必须要对无限的所有权控制欲望进行合理节制，才能产生审美的感觉。作为美的感性活动理应是自由自觉的，不受感性对象所有权以及交换等商业活动限制的，然而，感性活动与消费品之间始终有分离的倾向和可能，这种趋势造成感性异化和审美贫困。就第三重否定而言，资本的本质在于追逐剩余利益，通过与人和其他生产资料的合谋，主要是村落的山水林田湖等现实的或可能的生产资料，吮吸"人的自然力"和"自然界的自然力"来实现扩张，最终带来人的发展的枯竭和自然生态的枯竭，最终导致的是人和自然的毁灭。所以，简言之，村落里面的商业资本，必然会走向自我瓦解和否定。唯有在克服资本无限欲望基础上，实现社会化大生产，通过自由而全面发展的人，实现感性的自由，实现审美的超越。

再次，复魅是需要合适的乡村建设风格。乡村建设最终要追求怎样的风格呢？有没有一个词汇来形容乡村的魅力呢？在中国传统文化中，中庸可谓是非常重要的美学风格之一。中庸意味着不显不露，意味着一切刚刚好、恰如其分。乡村建设也是需要有这种传统文化的精神血脉的。乡村有乡村的美，这种美也应该是恰如其分的，是传统审美的精神凝结。如用一个词来形容，那么，没有一个词比"隐秀"更具有民族审美风格了。"隐秀"来自刘勰《文心雕龙》，用来谈诗词歌赋的创作风格的。实际上，世上万千物象、事象的剪裁，都可用隐秀来形容。隐秀是一种诗性的空间感。古代中国广大山水林田湖地区，只要是在文人画工笔下呈现出来的，一般是这种裁剪风格。而广大普通人在改造自然世界的实践活动中，也可能在不经意间呈现着类似的审美理想，实际上也是一种诗意的裁剪，是充满了诗意的栖居，日出而作、日落而息的生产生活，也可能是伟大的艺术创作。但凡是打动人心的，激荡情感的，往往是有卓绝的"秀"，也有复意为工的"隐"。刘勰说："夫心术之动远矣，文情之变深矣，源奥而派生，根盛而颖峻，是以文之英蕤，有秀有隐。隐也者，文外之重旨者也；秀也者，篇中之独拔者也。"① 不仅中国古代诗词歌赋以及水墨山水画崇尚这种美学风格，其他很多艺术形式基本也属这种风格。不说其他，就中国古典建筑而言，就特别讲究映衬与呼应。所谓"互藏其宅"，"景生情"，"情生景"，就是在乡村的物理布局和情感生发机制上，要能够做到映衬和呼呀。"山重水复疑无路，柳暗花明又一村"，山水环抱，柳树成荫，村落点缀，相互映衬，彼此照应，组成山水画意图。象外有象，境外有境。美学风格，带来的审美效果就是不直接道出，而是给人以无尽的韵味和待咀嚼的神秘意蕴。刘勰说："隐以复意为工，以卓绝为巧：斯乃旧章之懿绩，才情之嘉会也。夫隐之为体，义主文外，秘响傍通，伏采潜发，譬爻象之变互体，川渎之韫珠玉也。故互体变爻，而化成四象；珠玉潜水，而澜表方圆。始正而末奇，内明而外润，使玩之者无穷，味之者不厌

---

① 杨明照等《增订文心雕龙校注》，北京：中华书局，2000年版，第495页。

矣。"① 在形式风格上，隐秀是中国古代美学非常重要的内容之一。这种美学风格天生带有神秘色彩，能够给人以无尽意味和感受。

显然，如果仅把"隐秀"当作一种创作风格或技法的话，则显得有点狭隘了。隐秀不仅是一种创作的风格，更是对乡村审美的本体，而且，可以说是形而上层面的民族审美理想，带有神秘气质的民族审美理想。刘勰说："有秀有隐。隐也者，文外之重旨者也；秀也者，篇中之独拔者也。"② 所以，隐与秀之间，就好比是矛与盾一样，是对立且统一的两方面。隐与秀两个方面的对立与统一规律，意味着两者构筑了物象、事象运作的"道"，是万事万物交错排列组合，以刚好恰当位置和彼此距离，而构成美的图景。一句话，隐与秀就好比双螺旋体一样，是事物之所以变得美的内在的、本质的规律。所以，这种"隐秀"的美学风格，天生就是有神秘色彩的；感性的事物，更是无可预知。乡村建设中形成独特的民族风格，是追求乡村神秘性的最重要环节之一。

最后，复魅是重建人与乡村的情感关系。乡村人与

---

① 杨明照等:《增订文心雕龙校注》，北京:中华书局,2000年版，第495页。

② 杨明照等:《增订文心雕龙校注》，北京:中华书局,2000年版，第495页。

乡村之间有一种难以言说的特殊关系。这种特殊关系，具体体现在彼此紧密不可分，体现在无限的乡愁，以及萦绕在梦乡之中的美好记忆。重建这种审美关系或者说充满神秘的乡愁关系，也就是乡村的复魅。迈入商业社会，人们对于乡村的情感需求更为强烈。马克思对人类精神层次非常关注，讨论过人的自由和全面发展问题，在他看来，人既是实践的，也是需要超越的。换句话说，人的精神，必须有超越世俗的东西，必须有要建构情感新世界的需求。在繁华复杂的欲望城市中，人们很难获得宁静的心灵港湾，恰好是乡村满足了这个需求。特别是当乡村生活成为个人生活的一部分，亲自参与、确证其中，就很容易建立起情感关系。人天生具有自由自觉的属性，通过不断地自我实现和确证，来肯定和完成其自己的自由尺度和需求。马克思说："实践创造对象世界，即改造无机界，证明了人是有意识的类存在物，也就是这样一种存在物，它把类看作自己的本质，或者说把自身看作类存在物。"[①] 就在这个过程中，与乡村建立纯粹、自由的情感关系。这是乡村复魅的关键。

---

① [德]卡尔·马克思，[德]弗里德里希·恩格斯：《马克思恩格斯全集》，北京：人民出版社，1979年版，第96页。

第一章　理想性·神秘性·现实性：美丽乡村的三重图景

第三节　美丽乡村的现实图景

存在于古典诗词中的中国古代乡村，在今天，借助科学技术和生产手段，都可以变成现实的图景。回归到现实中来，中国的美丽乡村建设，必然离不开乡土本色。有过很多学者提出过乡村建设模仿城市化建设的思路，也有不少乡村振兴工作者按照这样的思路进行实践和操作。但是，城市森林使乡村脱离了乡土的根，失去营养。费孝通说："从基层上看去，中国社会是乡土性的。我说中国社会的基层是乡土性的，那是因为我考虑到从基层上曾长出一层比较上和乡土基层不完全相同的社会，而且在近百年更在东西方接触边缘上发生了一种很特殊的社会。"① 所以，美丽乡村建设不等于城市化建设，归根到底，还是中华民族的根和魂在乡村、扎根于乡土之中。

时至今日，从中国的总体情况来看，中国社会仍然是乡村社会。这是与西方发展模式以及西方文化截然不同的一种社会形态。即使到了国外生活若干年的侨民，仍然会想着在国外的庭院里面，开辟个两三方地处理，播种锄地，种植起来，好似这样的生活方式深入骨髓，那是真正让灵魂安放的方式。今日中国，种地不再是最

---

① 费孝通《乡土中国》，上海 上海人民出版社，2013年版，第6页。

普遍的谋生手段了，却又可能是让人羡慕的生活方式。改革开放前二十年，城里人有铁饭碗、高福利，看不起乡下人，认为他们又土又穷，所以该被鄙视。这是一个时代的浪潮，随着大量的农村人口涌入城市，先是大量的年轻人到沿海城市打工就业，改变了这一代人的命运，他们在那里定居、生活和创造自己的价值。接着是农民工返乡后，就近在自己老家附近的城市里面打工创业，就这样，城市化的进程以前所未有的速度飞奔起来。

城市化建设为中国迈入世界强国之列贡献了极大的力量，同时，也可以注意到，在更为广袤的农村地区，乡村的政治、经济、文化、生态文明建设仍然任重道远。而大量的乡村优秀人才离开农村，投入现代化、城市化建设进程中，一些不知美丑，光怪陆离的现象，也侵蚀到了乡村。中国古代的美丽乡村图景，是中华民族血脉凝聚而成的，对美丽乡村建设具有重要指导意义。就其现实指引性而言，可以从如下三个方面图景或轮廓来简要介绍。

一、基于传统乡村文化的图景

当下国人的审美意识已经发生深刻变革，包括人们审美观念、审美趣味和审美理想等各个方面都有了新的变化。但是，审美意识作为中华民族长期形成的心理结构，直到今天仍有重要影响。施建业说:"美学精神与审美追求具有民族性。一个民族长期在同一地域生活，受着共同的政治、道德、宗教的影响，特别是由于共同的审美实践，接受共同的审美教育，因而形成了共同的美学精神与审美追求。美学精神与审美追求属于深层文化结构，由于长期的历史积淀，它变成了一种潜在的文化心理指向，具有相对的稳定性，每一个民族的成员，在其审美个性中总是渗透着本民族的审美意识，而与其他民族的审美意识相区别。中华民族的审美意识通过两条渠道世世代代积淀下来:一条渠道是通过生理的遗传；另一条渠道是通过美的创造，特别是艺术的创造，使中华民族的审美意识，借助物态化的形式保存下来。由于审美意识的这种历史发展，才使中华民族的审美意识代代相传。中国传统审美意识已经融化在中国人的审美实践活动中，成为民族心理的一个组成部分，直到现在仍然会处处感觉到它的存在。因此，想抛弃中国传统审美意识是不可能的。只有正确认识中国传统审美意识，才能继承和发扬传统审美意识中好的东西，建立符合现代化需要的、有中国特色的审美意识。"[1] 所以，当下美丽乡村建设，须继承和发扬中华民族优秀文化传统，以此来

---

[1] 施建业:《"中国人审美追求"的理解》，《美与时代》，2015年第11期，第16—20页。

融合创新。

在中国传统文化中，有非常优秀的审美基因，"要结合新的时代条件传承和弘扬中华优秀传统文化，传承和弘扬中华美学精神"，这不仅对文艺工作者具有重大的指导意义，还对各行各业的全面建设都有指导意义。在美丽乡村建设这条道路上，在传承中华优秀传统文化基础上，秉承中华美学精神以及道法自然、天人合一的美学理想，传承其丰富的生态智慧，是美丽乡村建设的基本要求，是当下美丽乡村的文化图景。针对美丽乡村，中华民族的审美理想就是画意乡村、诗境家园。王卫星说："贫穷落后中的山清水秀不是美丽中国，强大富裕而环境污染同样不是美丽中国。只有实现经济、政治、文化、社会、生态的和谐发展、持续发展，才能真正实现美丽中国的建设目标。"① 立足乡村文明，立足传承保护传统文化，创造性转化、创新性发展，这是未来美丽乡村建设的必由之路之一。李小五《跨文化交流下的审美逻辑》："文化的构件即构成文化的自然最小单位，即是由若干观念或规范构成、形态完整的有机体。"② 中国古代有丰富的

---

① 王卫星：《美丽乡村建设：现状与对策》，《华中师范大学学报》，2014年第1期，第1-6页。

② 李小五：《跨文化交流下的审美逻辑》，《中国美学研究》，2016年第1期，第232-242页。

山水田园文化，构筑了中华美学精神的根基。但对今天而言，其也仅仅是根基而已，是先天条件而已。有了硕大的根基，冲破坚冰后，在破土而出后，才能实现繁花灿烂。

传统文化的基因无时无刻不在影响着中华大地。在每一个乡村角落，人民的衣、食、住、行都深受传统文化或者说审美文化的影响。甚至可以说，乡村是承载传统审美文化最多的土壤。当下乡村的美丽图景，唯有在传统文化审美脉络中去寻觅踪迹。社会时代无论如何进步，传统文化是深入到每个人的血脉和灵魂中去的。乡村人的衣、食、住、行的转变，也是乡村的审美文化的升华。类似例子不胜枚举，每年春节举行的各种祭祀活动，随处可见的烟花爆竹，等等，以最传统的方式影响着每个人。爆竹声声中，乡村不断新变，既是传统的、民族的，也是最时尚的。基于传统审美文化的乡村图景，既在悄然生变，也在逐渐更新。

二、基于科学理论框引的图景

量变推动质变，质变又引起新的量变。美丽的乡村建设，不是做盆景、搞形象工程，更不是涂脂抹粉，而是内涵建设，作为人类精神家园的建设。可喜的是，目前，村落已经出现了不少具有审美内涵的地方，逐渐在形成一套完善的村落审美观念和规范，诸如重和谐、要静谧、讲意境等中华山水田园传统审美观念，逐步深入人心，逐步建立人与乡村田园自由平等的情感关系。

当下中国村落审美文化生态重塑，不是一个抽象的概念或时新的观念，而是一个富有时代性、理论性、实践性内涵的价值导向课题。它是建构和贯彻马克思主义立场、观点、方法的问题，是马克思主义科学理论与当代中国农村变革和发展的历史逻辑的融会贯通，是几千年来中华农耕文明演进的内在理论逻辑与新时代中国特色社会主义建设实践逻辑的辩证统一。

建设美丽乡村，归根到底是满足人民对美好生活的需要。马克思对于未来世界美好生活有过很多科学的论述。其中，他提出过关于人的发展理论，认为"只有在集体中，个人才能获得全面发展其才能的手段，也就是说，只有在集体中才可能有个人自由。"[1]他的共同体思想，在中国的具体实践中，得到更为丰富而具体的阐释。构建人类命运共同体，就是要建设持久和平、普遍安全、共同繁荣、开放包容、清洁美丽的世界。同时，马克思的共同思想念还包括人和自然是生命共同体。当下的乡

---

[1] [德]卡尔·马克思,[德]弗里德里希·恩格斯:《马克思恩格斯全集》，第3卷，北京：人民出版社，1960年版，第84页。

村建设，既要绿水青山，也要金山银山。所以，为建设好人与自然的乡村共同体，必须树立更长远、大局的观念，从整体上推进乡村建设，把握好节约资源、保护环境和产业发展之间平衡。摆脱审美贫困，就是倡导绿色发展方式和生活方式，建设美丽乡村。

在科学思想理论指导下，乡村的生态环境才能得到很好的保护，可以说山水林田湖与人类之间，构成了生命共同体。人类的生存和发展来自自然，而山水林田湖彼此灌溉、交通，如同生命体般构成循环生态，反哺人类的发展。如此顺应自然、尊重自然，才是建设真正的美丽中国。所以说，马克思共同体思想，与人类社会发展以及人的发展共属一个理论框架。可以把社会经济发展形态与人的发展阶段理论结合起来，摸索出建设美丽乡村的科学理论逻辑。

三、基于自由实践活动的图景

建设美丽乡村，没有现成的经验可以仿效。一切的一切，都归于具体的行动。基于建设美丽乡村的实践逻辑，倡导村落物质的、人文的一切内在生命力，要摆脱商品审美消费控制，回归本生情感的纯粹，创造性还原、升华"原生态"想象和情感体验，回归自然山水、回归田园，顺应人的灵魂和最本质的需要。在这样的行动逻辑之上，建设美丽乡村的方向和内容才不至于出现不该有的偏差。

建设美丽乡村的实践，是为了建设美丽中国，两者是内在统一的。有学者指出，"美丽中国是个集合的概念，包括自然环境美和人造环境美，绿色发展、绿色消费之美，人与自然之间、人与人之间的和谐之美，以及生态文明制度之美和经济治理、社会治理、生态治理之美。因此，对美丽中国要从系统的角度来认识。从愿景来看，美丽中国有三重境界：自然生态美是第一境界、生态文明美是第二境界、美丽强国是第三境界，三重境界依次是美丽中国建设的基础性目标、中间性目标和最终目标；从发展思想来看，在美丽中国建设中，要贯穿创新、协调、绿色、开放、共享的发展之美理念，走绿色发展、绿色消费之路，努力推进经济治理、社会治理、文化治理、政治治理和生态治理，实现自然与社会和谐、人与人关系和谐的本质之美；从内涵来看，美丽中国应该包含经济之美、社会之美、文化之美、政治之美和生态之美'五位一体'的整体美；从美的呈现来看，美丽中国包括国家、省域、城市、乡村、家庭五个层次的地域空间之美，生态空间、生产空间、生活空间的'空间三生组合'之美。"①这个美丽中国，最原始而初级的形态，是孕育于乡土中国之中的。可以说，是在乡土中国的文化体胚胎中，人与自然、村落社会以及外来文化变量的融合并生中，美丽中国的乡村文化的形成、发展以及裂变的内在自由生命力，以及动态的村落审美文化生成而累积活性审美经验的总和，呈现为美丽乡村独特的气度、神韵等审美精神内涵，并蕴含于村落集体记忆、社会习俗、技艺、服饰、饮食、村落知识、历史文物、村落建筑、文化仪式、历史遗址以及山水林田湖草等物化或非物化氛围中。这是建设美丽中国自由实践活动的最核心而原始内容之一。

　　自由实践是人的基本生存状态，是人得以全面自由发展的基本条件之一。自由实践意味着乡村和人的发展，不是来自外在异化力量的冲击，也不是沉溺于形而上的迷雾无法自拔，而是基于自身的能动本质力量，在与世界双向对象化互动中，彼此接受本质力量的浸润，从而实现自身与对象的创造性提升或转化。举例来说，乡村人总是充满了对美好生活的向往的，这是自由实践活动。在春节，不少农村地区开始自发地用彩灯来装饰家园，来美化人居环境，这就是基于自身本质力量的审美内驱，

---

① 吴文盛：《美丽中国理论研究综述：内涵解析、思想渊源与评价理论》，《当代经济管理》，2019年第12期，第41-46页。

是他们的自由实践活动。可以说，中国乡村审美文化的创造性转化，依靠的是广大人民群众以自由实践活动来实现的。

中国村落审美文化具有内在生命力，从孕育、转型到成熟，在最广大人民群众伟大创造性自由实践活动中，要有独立于其他聚居区的生态体系以及文化系统。自由实践意味着摆脱异化等枷锁，是最广大人民群众的自由而全面的发展，审美于其中孕育，美丽中国于其中而愈美。中国村落历史文化独具特色，即使其赖以产生和发展的政治、物质基础彻底消失，但仍然可以从村落一切美好的文化资源中，挖掘、提炼、创造性地融合发展，以活态传承和开放性姿态，整合为天人合一想象和情感体验，转换并升华文化生态。由于一切都归于乡土自由实践，在村落这个特定文化体中，跨时代的文化交流成为可能。

第二章

审美贫困的传统命理逻辑

中华民族历史文化绵延千年，美丽乡村的几幅面孔，让人着迷。然而，在面孔背后，却是乡村的审美贫困问题，突出地摆在现实面前。审美贫困问题不是现代社会才有的，而是自古以来就存在，只是其问题本身并不是问题，而是随着时代发展凸显出来的新局面。古代社会人们更关注的是温饱问题。但由于其生于文化之中，需要对其传统命理逻辑进行分析，以进一步找出审美贫困的病因，为寻找对策方案提供有力的支撑。

第一节　宗法宿命：乡村建设的政教逻辑

众所周知，中华民族走向政治上的大一统，始于西周王朝，完成于秦汉。几千年来，宗法关系都是汉民族的命脉和灵魂。特别值得注意的是，中华民族是生长在泥土中的民族，这个民族与乡村、与土地结下了不解之缘。可以说，宗法社会至今仍然有泥土的芬芳。探寻审美贫困的政治历史根由，其中可以找到很多今天各种问题的文化基因序列，探寻其最终的根源。费孝通说："文化是依赖象征体系和个人的记忆而维护着的社会共同经验。"[①] 这种共同经验有的消失了，有的变异了，有的也继承下来了。挖掘乡村宗法关系演变，也就是探寻乡村建设的共同记忆和经验，共同审美理想，以及封建比德思想造成的审美贫困问题，可以为今日美丽乡村、美丽中国建设提供一些思想资源和文化鉴戒。

[①] 费孝通:《乡土中国》，上海：上海人民出版社，2013年版，第19页。

一、宗法社会的比德思想

农耕文明塑造的定居文化，让乡村塑形成为可能。这完全不同于西方的城邦文化，也不同于以往北方的游牧文明。于长江、黄河流域滋养下，古人们更乐于依山傍水，聚族而居，形成自己的宗法生活体系。于此，孕育了华夏的灿烂文明。中国文化的溯源地，肯定是村、乡，而后发展为郭、邑、京、都等。早有《诗经·十亩之间》："十亩之间兮，桑者闲闲兮，行与子还兮。十亩之外兮，桑者泄泄兮，行与子逝兮。"[1]写的就是远古时代中国的农桑生活文化。《礼记·礼运》："外户不闭，是谓大同。"[2]乡村的生活，是烙在中国文化的骨髓上的。儒家宗法思想扎根于乡村，深植于农耕文化土壤中。

在儒家文化影响下的中国传统农村，自有其独立于世界民族之林宗法社会生态特征。有学者指出，"传统农村社会的主要特征归结为以下六个方面：（1）以家庭为基本生产单位、以手工为主要生产方式的自给自足的小农经济在社会中占主导地位，生产的目的主要是为满足家庭生活需要而不是交换。（2）社会分工不发达，社会分化程度低。（3）社会流动性弱，各阶级阶层之间壁垒森

---

[1] 高亨：《诗经今注》，上海：上海古籍出版社，1980年版，第146页。
[2] 孙希旦：《礼记集解》，北京：中华书局，1989年版，第582页。

严。社会关系以血缘和地缘关系为主,个人的发展受到极大限制。(4)社会管理原则是家长制,人治为政治系统运行的基本方式。(5)人们的思想观念陈旧,迷信权威,惧怕变革。(6)竞争机制不健全,生活节奏缓慢,因而社会的变革和进步也非常迟缓。"①可以说,这是一个人、自认、社会、文化的各种变量交互作用产生的宗法生态系统,形成自己宗法族群文化发展的特殊形貌和模式。这是一个动态的交互式、开放性的体系,会随经济基础等改变而不断有新因素加入进来,当然是要等到宗法社会现代性转型后才可能了。即使如此,需要看到维系古老中国的内在秩序,有其道德的约束和内心的文化认可,由此构筑的宗法道德文化。

　　山水比德是中国文化体系中独有现象。山水美景,可以与人的品德联系起来,这也是只有儒家的思想体系可以实现的链接,也说明儒家对于自然山水的情有独钟。万物皆可着人的色彩,而人的本质力量也可投射于山水万物,两者交融互通之中,彼此实现了观照。德,是人内在的品性和修养,每个人以自己的内在的修养,控制着自己的言行,由此,德是整个社会运行的内在调节器。但是,这是宗法体系中的"德",是为了维护宗法利益而

---

① 张禧,毛平,赵晓霞《乡村振兴战略背景下的农村社会发展研究》,成都:西南交通大学出版社2018年版,第4页。

建立的秩序，与个人的绝对律令的道德无关，是基于宗法原则建立起来的人性枷锁，是否认个人的自由发展的。即使是传统宗法社会的山水比德思想，无比拉近人与自然的关系，但仍然是个人服从于宗法体系的"德"，个人的本质力量发展是受到束缚的，是不自由的。

　　当然，不能忽略山水比德思想对于中国传统审美产生的巨大影响，其毕竟是给予了山水田园最大的尊重。山水比德意味着人将自己的情感、意志和政治态度投射到山水之间，以至于山水就具有了人一般的品德。这在西方的文化体系中是绝无仅有的。为什么山水能够比德呢？这是古代士大夫奉行的儒家文化所决定的。古代士大夫文人在儒家文化思想体系之下，奉行修身齐家治国平天下的人生理想，往往将自己的人生追求与国家、民族以及个人家庭的命运紧密联系在一起，作为实际的追求路径，就是能够在朝廷做官，讽谏策对。但是，在朝廷做官的风险极大，忤逆龙鳞的风险更大，于是，便有了无数的文人被贬谪山野的情况。古代交通不便，路途遥远，辗转于山水乡村之间的文人，目之所及，皆是葱葱郁郁的青山、绿波荡漾的河水，给人以神清气爽的感觉，联系到自身的境遇和人生抱负，往往将自己的人生态度和君子理想投射到山水之间，仿佛青山绿水就是自己君子人格的象征。所以，就出现了古代士大夫文人，对于山水有别样的感情。实际上，士大夫个人的自由怡情，只是身心调试的方式之一，最终都是困在宗法社会体系中，对乡村建设难有大作为。

对个人怡情来说，乡村则是绝佳之境。陶渊明《饮酒》："结庐在人境，而无车马喧。问君何能尔？心远地自偏。采菊东篱下，悠然见南山。山气日夕佳，飞鸟相与还。此中有真意，欲辨已忘言。"[1]这就是人与自然的交互体系，不仅是情感、情绪的交感，更是个人志向、人格理想的交互印证。"欲辨已忘言"，是一种隐秘的情愫，或是神秘的交互体系，唯有在山水田园之中，能够感受到这种神秘的存在。马正应说："在儒家思想中，天、地、人历来是紧密联系、交融无间的。忧患意识、经世情怀与阴阳造化的宇宙精神非但不矛盾，更应是和谐统一的，伦理道德修到最高境界往往呈现为一派自然。因此，儒家绝不排斥山林，从不排斥山水之乐——要求通过心物感兴、亲切体认，使人与宇宙万物浑然无间地契合。山水之乐是儒家美学的重要组成部分，同时也是其人生境界的显露。"[2]这种解释是非常有道理的，而且是符合实际情况的。

---

[1] 袁行霈：《陶渊明集笺注》，北京：中华书局，2003年版，第247页。

[2] 马正应：《从山水比德到乐天的生命境界》，《贵阳学院学报》（社会科学版），2018年第5期，第50-53页

古代士大夫对于山水田园的留恋，塑造了中华文化中独有的乡愁情怀。可以说，知者乐山，仁者乐水，成为中华民族的集体无意识，深深扎根于民族心理之中。今日很多城里人都喜欢到乡村去度假、生活，幻想开启另一种生活方式，实际上这是民族的普遍心理了。古代的士大夫们，已经开启了这样的生活情趣，在山水田园中寻找自我的完善和满足。王维《新晴野望》："新晴原野旷，极目无氛垢。郭门临渡头，村树连溪口。白水明田外，碧峰出山后。农月无闲人，倾家事南亩。"[1]这是明净清新、空旷开阔、晴日辉映、波光微漾的美好画面，环境清幽秀丽，天然绝妙，当时唯有心境开明、积极并热爱生活的人，才能写出如此之境。他还有《辛夷坞》："木末芙蓉花，山中发红萼。涧户寂无人，纷纷开且落。"[2]借芙蓉花自喻，来表达自己高洁的品格，以及对于山水田园的由衷欣喜之情。

知者乐山，仁者乐水，这是孔子的人生理想。当曾皙谈论他的人生乐事时称"暮春者，春服既成。冠者

---

[1] 杨文生：《王维诗集笺注》，成都：四川人民出版社，2018年版，第378页。

[2] 杨文生：《王维诗集笺注》，成都：四川人民出版社，2018年版，第359页。

五六人，童子六七人，浴乎沂，风乎舞雩，咏而归"①，孔子是深表赞同的。这成为几千年来士大夫追求自适的人生向往之一。所以，当古代士大夫对于山水的特殊情感，让他们由于各种原因回乡之后，会特别注重山水的保护，而不允许有滥采滥伐的行为。如此宝贵的精神文化遗产，完全是可以用于精神文明建设，对于今天的生态建设，也都具有非常重要的文化意义。时至今日，谁人不乐山乐水呢？

但是，一方面山水比德思想，只是让自然山水拥抱人类的情感，本质上并不强调人的自由实践或主体改造精神，是简单的服从于自然山水，是以原始朴拙的状态去拥抱自然山水。这是与人类自由全面发展的主体精神相违背的。从另一方面理解山水比德，则是强化了宗法社会的人伦道德。将之作为道德理性的枷锁，让绝大多数普通人，在青山绿水面前，由于感性、情感、欲望等处于被压制状态，并不能有真正的审美愉悦。传统的宗法社会的思想体系，并不能按照"美的规律"，真正构造美丽乡村，实现人的自由全面发展。宗法社会的典型特征，是人属于宗法血缘关系网络中的个体，而非独立的个体，其是基于家或族的宗法认同而存在。如此之下，

---

① 朱熹：《四书章句集注》，北京：中华书局，1983年版，第130页。

个人存在的意义，实际上是家或族的存在意义。个人在宗法道德理性枷锁下，难以实现真正的发展和进步。审美贫困的根源之一，来自个人的本质能力的欠缺，这是传统宗法社会的病灶之一。所以，宗法社会的审美贫困，不是说士大夫个人的精神贫困，而是整个社会的审美精神贫困。被压制在封建宗法伦理道德下的普通个人，是难以在乡村中感受到美和自由的愉悦的。

二、宗法社会的君子精神

提到宗法社会的君子精神，就好比是宗法社会的人才建设。从民风民俗来看，宗法社会的乡村建设，只是提倡"知者""仁者"等精英分子的君子精神，需要这样的人才参与到乡村建设中去。当然也需要认识到，君子精神只是精英文人精神，并非绝大多数乡村人的精神理念，绝大多数乡村人是无法接受知识塑造的。诚然，古代治平时代，衣食足而知荣辱，于是有更高道德要求。移风易俗，这是古代乡村治理避不开的话题。但这是自上而下的道德要求，对于普通的老百姓而言，君子精神是与他们没有关系的。于是，可以想见，很多士大夫在山水田园间散步、休闲，乐山乐水，而多数老百姓仍然辛苦地为温饱劳作。乡村建设和发展最关键的是靠人民群众还是个别精英呢，答案是显而易见的。如果广大人民群众，并没有享受到乐山乐水的趣味，则宗法社会的道德绑架，就会戕害人们的感性需求。

宗法社会是以血缘关系定亲疏、定等级的阶级社会。社会里面的地位等级，都是先天确定了的。对于后天的努力和实践活动，则是不相关的。所以，在孔子那里，先天设定了"知者乐水，仁者乐山"的前提，对于"知者""仁者"如何修行而来，则没有过多论述。人是要先成了君子，才能乐水乐山。这是儒家的道德修养，与自然山水的亲近具有同等内涵。宗法社会最看重的，还是个人的君子人格精神。君子精神对于乡村建设的移风易俗确有一定意义，当然，前提是强烈等级观念下宗法社会的从上而下的关怀或影响而已。

知者、仁者，乐水乐山，可以涵养君子精神。这种理念，赋予了君子精神中个人淡泊名利的内容。孔子说："因民之所利而利之，斯不亦惠而不费乎？"[①] 这也就是说君子不应该追求个人的功名利禄，而应该更多地为老百姓谋福利。这才是君子个人的明朗和人格的完善。亲近山水，孔颜乐处，也就是淡泊名利。于是，在儒家人眼中，凡是人格完善的君子，都应该是一个非常乐于亲近自然

---

① 朱熹：《四书章句集注》，北京：中华书局，1983年版，第194页。

的人。亲近自然，亲近田园，实际上，也就很容易就亲近黎民百姓，呈现出拯溺情怀。辛弃疾《西江月·夜行黄沙道中》写"明月别枝惊鹊，清风半夜鸣蝉，稻花香里说丰年，听取蛙声一片"[①]。这里的意象组合有明月、树枝、惊鹊、清风、鸣蝉，一组合在一起，就是一副宁静的山村田园图景。月光明亮，遍洒大地，夜行道中，惊到了鹊儿，于是树枝疏影摇曳。这是让人神往的夜行图。然而，这不是作者描写的关键。"稻花香里说丰年，听取蛙声一片"，才是重点。从明月长空，写到山间田野。作者不仅为夜间黄沙道上的柔和情趣所浸润，更关心扑面而来的漫村遍野的稻花香。由稻花香联想到了丰年。此时此刻，作者并没有沉浸在个人的私情乐趣中，而是关怀黎民百姓，与之同呼吸共命运。稻花是香的，作者内心是甜蜜的。稻田里的蛙声一片，就好比是在争说丰年，作者的想象力是丰富的，而拯溺、济众的儒家情怀，则是君子精神的最重要表现之一。

在中华文明的轴心时代，缔造者们就意识到了治理国家与民众之间的重要关系，并作为重要的治国理念，一直传承并发展起来，深刻影响着华夏文化。子贡曰："如有博施于民而能济众，何如？可谓仁乎？"子曰："何事

---

① 邓广铭：《稼轩词编年笺注》，上海：上海古籍出版社，1998年版，第301页。

于仁，必也圣乎！尧舜其犹病诸？夫仁者己欲立而立人，己欲达而达人。能近取譬，可谓仁之方也已。"①很多士大夫文人，或是赴任，或是贬谪，或是游玩，在山水乡村之间，实际上也是调研民情，感受困苦，的确很容易就与老百姓感同身受，形成自己与民同乐、与天下同忧的政治见解和方向。这对于乡村建设是非常有意义的，当然也是自上而下的关怀而已。

在宗法社会的君子精神，是对个人精英的要求，以形成社会文化的普遍认知。费孝通说："文化，我是指一个团体中在时间和空间上有相当一致性的个人行为。这是成'套'的。成套的原因是在：团体中个人行为的一致性是出于他们接受相同的价值观念。人类行为是被所接受的价值观念所推动的。在任何处境中，个人可能采取的行为很多，但是他所属的团队却准备下一套是非的标准，价值的观念，限制了个人行为上的选择。大体上说，人类行为是被团体文化所决定的。在同一文化中育成的个人，在行为上有着一致性。"②宗法社会有悠久的君子精神文化，至今作为集体无意识，仍然存于人们日用

---

① 朱熹：《四书章句集注》，北京：中华书局，1983年版，第91—92页。

② 费孝通：《乡土中国》，上海：上海人民出版社，2013年版，第241页。

而不觉的行为习惯中。在宗法社会，一方面是儒家的乐山、乐水的君子情怀，淡泊名利的同时，对自然山水有发自文化心理最深处的认同和喜爱；另一方面是君子精神中的拯溺情怀，对于乡村物质文明和精神文明秩序的强烈关怀，共同造就了古代乡村自上而下的控制力量。

宗法社会的君子精神，仅是对精英文人系统的要求，对山村田家里面的不文明或是不符合儒家"温柔敦厚"的行为是抵触的。汉代史家司马迁的外孙杨恽有《报会宗书》一文，其中讲到自己被褫夺官位后，回归农家时候的生活，写过这样一段话："田家作苦，岁时伏腊，亨羊炰羔，斗酒自劳。家本秦也，能为秦声。妇，赵女也，雅善鼓瑟。奴婢歌者数人，酒后耳热，仰天拊缶，而呼乌乌。其诗曰，……是日也，拂衣而喜，奋袖低昂，顿足起舞，诚淫荒无度，不知其不可也。"① 在这里，儒家正统人士杨恽非常反感农家人这种肆意起舞、即兴随意的风气，称之为"淫荒无度"，不符合乡村风气的厚人伦、移风俗、美教化。换句话说，宗法社会的君子精神，是精英的，是个人的。

中国传统文化中的君子精神，在今日就体现为公序良俗的文化面貌。乡村不是粗野、鄙陋的角斗场，而应

---

① 班固：《汉书》，北京：中华书局，1964年版，第2896页。

该是具有良好乡风、文明乡风的精神栖居地。当下，建设美丽乡村，移风易俗，依靠个人的力量是不够的。乡村中绝大多数人的精神贫困，是更需要解决的问题。在宗法社会时期，审美贫困是绝大多数人的贫困，个别贤明人士的确能够起到很好的引领作用。这种引领作用还不能实现真正乡村的文明乡风。但如果是能够自下而上的、自由自觉的乐山乐水的文化精神，绝大多数人能够实现个人的感性自由，进而在绝对律令下实现君子精神，则更能够解决审美贫困问题。

三、政教逻辑下乡村建设

宗法政治体制下的美丽乡村，往往是透视古代执政水平的一个窗口。这可以从汉武帝设立官方的"乐府"机构谈起。汉代成了大一统的国家，经过文景之治的休养生息政策后，国家的元气从战乱中恢复过来，藩镇以及各种历史遗留问题仍然较多。整个国家还需要进行彻底的文化整顿和权力秩序上的合法性解释。在这样的情况下，儒家文化以其特有的属性，正好迎合了大一统帝国的需要。于是，在董仲舒的天人三策等系列策议下，汉武帝刘彻开始了对整个国家的政治体制改革。这次政治体制改革彻底让儒家的一系列意识形态思想成为官方的明法、明规。如专门设立五经博士官职,实现政教合一。当然,还招揽李延年等,成立乐府机构,采集民风、民谣。《汉书·礼乐志》:"乐者,圣人之所乐也,而可以善民心。其感人深,其移风易俗,故先王著其教焉。"①说的就是官方机构采集民间俗乐以实现礼乐教化统治目的的意思。

在宗法意识中,采集民风、民谣并不仅是为了官方的享乐或怡情,还具有强烈的政治意涵,"经夫妇、成孝敬、厚人伦、美教化、移风俗"②,实际上也就是对乡村精神文明的塑造作用。宗法社会的移风易俗,是宗法系统内的自我修养和完善,也是自上而下的影响和完成。如《乐府诗集》中记载的一篇著名的汉乐府《陌上桑》,就是这样的典型作品。"日出东南隅,照我秦氏楼。秦氏有好女,自名为罗敷。罗敷喜蚕桑,采桑城南隅。青丝为笼系,桂枝为笼钩。头上倭堕髻,耳中明月珠。缃绮为下裙,紫绮为上襦。行者见罗敷,下担捋髭须。少年见罗敷,脱帽著帩头。耕者忘其犁,锄者忘其锄。来归相怨怒,但坐观罗敷。使君从南来,五马立踟蹰。使君遣吏往,问是谁家姝?秦氏有好女,自名为罗敷。罗敷年几何?二十尚不足,十五颇有余。使君谢罗敷:"宁可共

---

① 班固:《汉书》,北京:中华书局,1964年版,第1036页。
② 毛亨:《毛诗传笺》,北京:中华书局,2019年版,第1页。

第二章 审美贫困的传统命理逻辑

载不？"罗敷前致辞："使君一何愚！使君自有妇，罗敷自有夫！""东方千余骑，夫婿居上头。何用识夫婿？白马从骊驹，青丝系马尾，黄金络马头；腰中鹿卢剑，可值千万余。十五府小吏，二十朝大夫，三十侍中郎，四十专城居。为人洁白晳，鬑鬑颇有须。盈盈公府步，冉冉府中趋。座中数千人，皆言夫婿殊。"[1]这是一幅乡风文明的图画，宗法社会政教逻辑下有自己的风俗标准。

汉代的政教系统实际上已经奠定了整个封建时期的政教基础，也就是政教合一。师儒授受中，以实现宗法社会的血脉延续。中国的传统士大夫一直在创建、规划和维系一种社会结构，这就是儒家以"万世师表"的身份，不停顿地规划了一种君臣父子大同社会的结构。在这个社会结构中，每个人应该怎么想、怎么做，以达成怎样的愿景等。这个社会结构是人为创造出来的，从孔子发端，孟子、荀子等以及后世历代的儒家士大夫，都在不停地规划、补充着这个社会结构和认知体系。所以，这个社会结构是人造的，是人造的艺术品。诸如，社会结构中讲究"礼"，一种套"礼"的东西就说艺术品；社会结构中讲究"和"，乡村中人与人之间和谐相处、乡风文明，各安其处，这就是生活的艺术。孔子的人生目的

---

[1] 郭茂倩：《乐府诗集》，北京：中华书局，1998年版，第410-411页。

是"志于道，据于德，依于仁，游于艺"[1]，艺术作为人生的目标之一，宗法社会结构的创建，当然应该有艺术的精神。所以，宗法社会结构的创立，必须符合艺术的规律，儒家的天人合一、乐山乐水的道德境界，就是这样的艺术的最高境界，也是社会结构的最佳组合。但是，如此艺术人生化的政教结构和体系，的确能够维持整个社会的稳定，却缺少了改革、进步的力量，或者说，没有经济产业的进步支持，其最终也会走向没落。

宗法社会思想体系成为国家意识形态后，在国家层面建立了专门的教学机构和职能部门，这是国家层面的制度和机构建设。在高官厚禄的吸引下，在儒家意识形态控制下，即使是最偏远的山村，仍然有不少祠堂在供奉着天地君亲师等牌位。宗法思想意识形态，从各个层面控制着整个社会包括农村的运作机制和人伦秩序。当然，众多的财力和人力资源还是集中在大都邑，相比较而言，广大的农村地区仍然是愚的。除了宗社祠堂或是大户人家有读书的权利之外，多数人仍然是氓隶。宗族权力治理下的乡村社会，一切都还是蒙昧、神秘的状态，时而春意盎然，时而秋意萧条，需要慢慢揭开其面纱。

诚然，传统宗法社会的政教体系，如和合精神、礼

---

[1] 朱熹《四书章句集注》，北京：中华书局，1983年版，第94页。

乐文明等，有不少优秀文化可以继承。但缺少科学精神，缺少改革干劲，唯独注重于宗法等级秩序和道德的维系，注定这样的文化需要进行彻底的淘洗。当下，中华民族美丽乡村的建设，绝不可能是凭空蹈虚从头再来，只能是建立在深厚的文化基础之上的建设和振兴。张宗芳说："新时期，中华优秀传统文化建设，是不断满足人民群众日益增长的精神文化需求的需要，是促进经济社会发展的需要。将中华优秀传统文化植根于乡村社会发展并以之推动乡村社会建设，将会通过文化凝聚乡村人心，实现价值引导和观念传输，为乡村社会发展和社会建设注入生机与活力。因此，加快中华优秀传统文化在乡村的传承、挖掘、建设和发展是乡村振兴的必由之路。"[1]但是，传统宗法社会中对经济产业问题的忽略，还有基于血缘关系的等级秩序，都是忽略了人的自由发展的。换句话说，宗法社会的政教逻辑下，是难以实现每个人感性自由和全面发展的。查看历史文献，绝大多数的普通农民生活在贫困线之下，乡村的文化建设和发展都极其落后，整个农村社会无论物质上还是精神上，都处于赤贫状态，如此政治教化命理下的传统乡村，是难以摆脱审美贫困的。

---

[1] 张宗芳:《乡村振兴中优秀传统文化的继承与发展研究》，《云南农业大学学报》(社会科学版)，2021年第1期，第64—69页。

传统政教逻辑下的乡村治理，是对上层建筑如文人士大夫等有极大优势的，完全维护其尊严和地位。这种社会治理方式，依靠的是宗法血缘和简单的地缘政治关系，完全缺少科学的管理和精细化的治理。显然，要摆脱审美贫困，需要从社会治理的根上出发，以现代化的治理能力和科学的治理水平，全方位、全方面地提升农村的治理水平，真正做到为人民服务的治理理念，以科学化的管理和常态化的治理，重塑乡村文化。如科学的乡村人居环境规划、有序的乡村公共空间美化，等等，都可以在很大程度上改变乡村面貌。新时代有新时代的审美，社会在深刻变革中，需要不断调整和改变乡村治理模式，从根子上改变乡村发展的命理逻辑，以摆脱物质上的贫困，还摆脱审美上的贫困。

当下，我国的农业农村工作也出现了不少新情况、新问题。有学者也指出，"我国'三农'问题依然突出，特别是'三农'和'四化'同步，'农村空心化'、'农业副业化'和'农民老龄化'等问题日益突出。农村劳动力大量外流，农村人才流失严重，村舍断壁残垣，我国农村出现不少诸如'博士返乡笔记''博士回乡记'所描绘的农村凋敝现象；不少地方的农民增收主要依靠外出打工非农收入，留守在农村的多为老人、妇女和儿童，农地荒芜，'谁来种地''如何种地'问题突出；农村产业不大,农产品竞争力不强,农业农村污染问题突出,城乡之间发展不平衡,长期以来资源要素从乡村向城市单一流向没有得到根本性扭转。'三化'问题成了全面建成小康社会、基本实现现代化和中华民族复兴的短腿短板。"这些新情况、新问题是时代造就的,同样需要时代给与解决。中华传统文化在新时代的复兴,也可以有极大的助力。今日,很多乡贤对于乡村仍然有无尽的热情和喜爱,乡愁的眷恋,萦绕在无数的游子心中。对于异乡游子来说,乡村可以洗尽铅华、洗涤心灵,可以是最安稳、最温暖的地方。换句话说,乡村是很多乡贤最能感受到心灵安稳和寄托的地方。当无数的乡贤,能够把一定的产业要素、知识要素以及其他方面,投入乡村建设上来,以传统儒家的拯溺情怀,实现老吾老以及人之老、幼吾幼以及人之幼,乡村必要也会建设得更美好。

第二节 产业逻辑:乡村生存和发展的命运

宗法社会对于政教体系的建设非常用心,对于农业经济产业的发展,反而并非第一要务。乡村建设更需要依靠的是产业进步。中国宗法文化的经济基础,就在于农业。或者说,农业的经济基础的土壤,萌发出灿烂的宗法文明之花。随着宗法政教思想成为国家意识形态之后,"重农抑商"的基本国策就没有改动过,"古之王者,宰治重教,既视农为本业而末置工商"。乡村社会建设,以农业劳动为主,其构成社会文明进步的核心力量。人类社会发展,必然离不开社会存在,即物质方面的内容。人类社会物质方面的内容主要包括自然地理环境、人口因素以及物质生产方式。由物质生产方式涵养生产力以及人与人、人与自然之间的生产关系或经济关系。这就构筑了人类社会的经济基础。

一、特殊的自然地理环境

自然地理环境是宗法社会发展的最基础物质条件。山清水秀的地方,自然宜居,也是绝大多数美丽乡村所在地。中国的两大河流,创造了灿烂的中华农业文明。宗法社会的农业文明不同于工业文明和游牧、海洋文化,这是一种定居的、稳定的文化形态,侧重于居有定所的人与人之间和谐的文化形态。农业文明直接生长于土地之中,借资于土地,形成了一个又一个的部落和村庄。人们聚族而居,相互扶持,构建自己宗族的文化秩序和生存规则。于是,倡导仁义礼智信的宗法文化更适合这样的文化形态。做工业则不同,搞工业的人,可以择地

第二章 审美贫困的传统命理逻辑

而居，可以随意迁徙，寻找更为低廉的原材料以及加工成本，他们没有非常强烈的土地情怀；做游牧的人更是逐水草而居，飘忽不定，也是没有定居的文化。农业文明奠定了中华民族文化的基础，是民族文化之源。

值得注意的是，秦人"奋六世余烈"，统一了六国，在形制地理上完成了大一统。"溥天之下，莫非王土；率土之滨，莫非王臣"①，秦人以关中沃野千里和武力霸权，焚书坑儒，制衡山东各地。以回归宗法制度的名义，真正在思想上完成大一统的宗法社会结构，却是在汉代完成的。刘邦兴起于楚地，最后却定都关中。在关中地区，以休养生息的文景之治，还有独尊儒术的宗法思想实现一统。儒术兴起于齐鲁一带，函谷关关口内外，儒士可以自由往来。宗法的天道和合、等级秩序、君父伦理等思想，迅速传播中原大地。那么，为什么当时刘邦会选择定都关中呢？刘彻为什么又会选择独尊儒术呢？地理环境的因素肯定是重要考量之一。刘邦定都一事，是为了能进能退，可以制衡天下，即使是分封诸侯，也必须听命关中。关中平原强大的经济实力和经济基础，则是其政权稳定的重要因素之一。经过文景之治后，汉武帝刘彻在儒家思想文化氛围并不浓厚的关中地区，吸纳齐

---

① 高亨《诗经今注》，上海：上海古籍出版社，1980年版，第315页。

鲁大地的儒家文化，构建起大一统的封建意识形态，则是更为彻底地完成宗法儒家思想上的一统。相比于关中以及山东各地经济基础的差异，宗法思想则突破一切自然地理环境限制，迅速地铺展开来。

在宗法社会构架下，无论关中平原，还是华北、华中、华南以及成都平原等，儒家宗法文化都能够铺展开来。且由于平原地带农业迅速发展，还为其提供了强大的经济基础。适宜农业发展的自然地理环境，也决定了儒家文化的黏性。黏性是指人与人、人与自然地理环境之间稳定性的关系。人总是黏附于特定的自然地理环境以及特定的血缘或宗族关系之中。儒家文化就是讲从个人到家庭到国家的等级礼仪关系，谈其中的人情世故或说人伦关系，就是基于稳定的人与人之间的宗族关系或说是差序格局关系。"生于斯，死于斯""落叶归根"等说法，都是在说乡土社会中世代人之间的黏性。在这个熟人社会、礼俗社会之中，世代传递的儒家文化的黏性大行其道，奉为各人的思想宗旨和行动指南。

二、宗法族群的聚居模式

乡村社会文明发展和进步，不仅依靠自然地理环境，更为关键的是具有主体能动性、创造性的人的活动。人

第二章 审美贫困的传统命理逻辑

类的活动创造了美丽乡村。人类活动的质量和水平取决于人口的质量和数量以及组成方式。中华民族的先民们，勤劳善良，乐于耕耘。在改造世界的实践中，中华民族的勤劳智慧，为世界文明书写了灿烂的篇章。

与西方的城邦社群不同，中国古代乡村社会人口的组成方式非常特殊。在几千年封建文明发展历程中，中国乡村人口的组合方式各异。但是，以血缘为基础的家庭关系，从来未曾变更过。与西方的社群、社区不同，中国古代的乡村社会由一个个小家族构成。小家族成为乡村社会的最基本单元。小家族这个名词是费孝通在《乡土中国》中提出的，他说："我提出这个新名词来的原因是想从结构的原则上去说明中西社会里'家'的区别。我们普通所谓大家庭和小家庭的差别绝不是在大小上，不是在这社群所包括的人数上，而是在结构上。……可是在中国乡土社会中，家并没有严格的团体界限，这社群里的分子可以依需要，沿亲属差序向外扩大。构成这个我所谓社圈的分子并不限于亲子。但是在结构上扩大的路线却有限制。中国的家扩大的路线是单系的，就是只包括父亲这一方面；除了少数例外，家并不能同时包括媳妇和女婿。在父系原则下女婿和结了婚的女儿都是外家人。在父系方面却可以扩大得很远，五世同堂的家，可以包括五代之内所有父系方面的亲属。……这种根据单系亲属原则所组成的社群,在人类学中有个专门名称,叫氏族。我们的家在结构上是一个氏族。但是和普通所谓族也不完全相同,因为我们所谓族是由许多家所组成,是一个社群的社群。因之,我在这里提了这个'小家族'的名词。"①这个小家族不仅是承担生育的载体,更是一个绵绵不绝的事业社群,以父子轴的继承方式发展出来的事业社群。类似《红楼梦》里面的四大家族,依靠父系一脉传承家族事业。在中国乡村,不过也是更小的小家族在支撑中国乡村事业的发展而已。

这可以说明,这样的小家族承担了中国乡村人口发展的数量、质量以及组成模式,这样的事业社群,是中国古代乡村最基本单元和发展模式。这种模式的背后思想支持体系,正是儒家的思想体系。儒家以礼义治家,克己复礼,天下归仁。支撑"小家庭"事业社群不断进化和发展的,正是儒家思想不断完善的恭宽信敏惠的社会规则体系。

一个人、一个小家庭的生活方式取决于他所处的自然和人居环境。他必须与整个自然和人居环境相互迁就、相互适应,以达到更好地生存的目的。在特定的文化环境、价值体系中,整个人和家庭都必须适应于其中。在

---

① 费孝通:《乡土中国》,上海:上海人民出版社,2013年版,第37—38页。

中国广袤的乡村中，就居住着这样无数的小家庭。在与自然、社会的交融互通之中，实现自身的价值和意义。这小家庭的质量非常重要，在小家庭中如果有一两个比较突出的杰出人物，能够突破性提供建设性支持，让当地受益其中，成为乡贤或回乡人才，则是对于乡村发展非常重要的事件之一。

中国古代乡村的发展，往往依赖于乡贤等杰出人物。相比于人口更集中、经济实力更为强大的城市，乡村的信息封闭性更强，发展更为迟缓，这是几千年来都如此。在外求学、做官或是从事其他事业的杰出人才，由于某种特殊的原因，回到乡村，发展乡村，则可以为沉闷、封闭的乡村发展带来有机力量。而且，在古代，统治者的触角没有能够深入到每一个角落，依赖家族乡贤治理乡村，则是普遍情况。这里可以提到一种效应，就是越是家族积累到一定程度，越是容易出现家族中的杰出人物，更是对乡村的治理和发展做出贡献。类似的事例是非常多的，如曾国藩家族就比较典型，在比较偏远的乡村形成了家族的力量，对于附近乡村的影响力是非常强大的。今日，曾国藩故居仍然得以保存，成为著名的景点之一，由此可以窥见古代乡村的人才发展模式。

当然，这种家族人才的发展模式，在经济关系上，也带有非常明显的人身依附性。也就是说，与资本的运作模式不同，这种封建关系的经济链接，主要来自家族的资产保存和扩张，而非个体资本的扩大再生产。封建经济关系更依赖于人与人之间的依附关系，无论是家族中的杰出人才，还是依附于家族的佃户等，都是以人身依附为前提的，在各自的家族角色中，维护着整个家族的利益。

三、宗法乡村的生产方式

自给自足的自然经济形态，孕育了中华文明，也形成了中国乡村特有的风景。与西方传统物质生产方式不同，宗法社会农业生产毫无疑问是主流的产业模式。宋代范成大《夏日田园杂兴》写的就是宗法社会典型的物质生产方式，"昼出耘田夜绩麻，村庄儿女各当家。童孙未解供耕织，也傍桑阴学种瓜"。[1]还有他的《蝶恋花·春涨一篙添水面》，也描绘了农业生产活动的场面，"春涨一篙添水面。芳草鹅儿，绿满微风岸。画舫夷犹湾百转。横塘塔近依前远。江国多寒农事晚。村北村南，谷雨才耕遍。秀麦连冈桑叶贱。看看尝面收新茧"。[2]可以知道，

---

[1] 范成大:《范石湖集》,上海:上海古籍出版社,1981年版,第374页。

[2] 范成大:《范石湖集》,上海:上海古籍出版社,1981年版,第465-466页。

第二章 审美贫困的传统命理逻辑

在中国古代的农村，能够有序地进行农业生产，是很多士大夫的向往和追求，这也就是当时比较理想的产业模式了。

农业生产方式客观上要求人口不断繁衍且很形成聚居，这在中国很常见。于是，就有了村落。对此，费孝通有过这样的分析："乡下最小的社区可以只有一户人家。夫妇和孩子聚居于一处有着两性和抚育上的需要。无论在什么性质的社会里，除了军队、学校这些特殊的团体外，家庭总是最基本的抚育社群。在中国乡下这种只有一户人家的小社区是不常见的。在四川的山区种梯田的地方，可能有这类情形，大多农民是聚村而居。这一点对于我们乡土社会的性质很有影响。美国的乡下大多是一户人家自成一个单位，很少屋檐相接的邻舍。这是他们早年拓殖时代，人少地多的结果，同时也保持了他们个别负责、独来独往的精神。我们中国很少类似情形。中国农民聚村而居的原因大致说来有下列几点：一、每家所耕的面积小，所谓小农经营，所以聚在一起住，住宅和农场不会距离得过分远。二、需要水利的地方，他们有合作的需要，在一起住，合作起来比较方便。三、为了安全，人多了容易保卫。四、土地平等继承的原则下，兄弟分别继承祖上的遗业，使人口在一地方一代一

· 137 ·

代地积起来，成为相当大的村落。"① 这种说法是非常准确的。宗法社会的农业产业模式，决定了村落的形成和发展，并形成血缘、宗族关系，构筑了他们聚居一处的生命基础。

以家族或是小家庭为基本的经济单元，在农村生产上，能够集中优势的人力资源，有效地协作分工，以最高效率的方式完成农业生产。在漫长的宗法时代，这种经济模式一直延续下来，可见其稳定的运作机制。但是，这种宗法经济模式，很快就会面临来自工业时代的挑战，在工业化时代的资本运作下，这种封闭落后的小农经济，很快也就不堪一击。经济产业的崩溃，是其他一切关系崩溃的先兆。近代中国的教训，已经深刻说明了这一点。当然，以历史的眼光看待小农经济，实际上，在古代绝大部分时间里，在儒家经济基础决定下，中国古代乡村，就走上了一条完全有别于西方的道路，呈现出自己独特的魅力。相比于倾力于物质财富的生产方式，宗法社会更注重人际的谐和。即人与人之间的相处方式。宗法社会下的美丽乡村，温饱是最基本的诉求，而人与人之间的和谐、仁义礼智信等，则是乡村的最初模样，这就是宗法社会的乡村宿命。

---

① 费孝通:《乡土中国》，上海：上海人民出版社，2013年版，第8-9页。

宗法社会的经济形态和内生动力，与以物质生产方式为最根本动力是完全不一样的。前者更注重意识形态等上层建筑的建设，而忽略了最根本的物质生产力方面。即使是古代山水画中的乡村，更多也是表达文人的精神品性及理想的自然。宗法社会历来重理想、轻实利，更不屑于谈论工商生财之道，农村产业发展的理念，更是少人提及。宗法社会的乡村模式，是非常独特的。

　　在宗法政治意识形态中，主要是从伦理意识上控制，也不能说完全不提经济产业的发展问题。孔子早说过："有国有家者，不患寡而患不均，不患贫而患不安；盖均无贫，和无寡，安无倾。"① 这是基于宗法社会政教思想基础上的产业逻辑。《孟子·离娄下》："禹思天下有溺者，由己溺之也；稷思天下有饥者，由己饥之也，是以如是其急也。"② 类似论述者，不计其数，当然都没有具体谈到产业路径等。这当然说明，儒家是在某种程度上重视经济基础的巩固的。经济基础是基本的保障，所以，不少对儒家烦琐修饰的仁义礼仪不满的思想家，更侧重于乡村的经济保障。老子提出过小国寡民的"理想国"："小国寡民，使有什伯之器而不用，使民重死而不远徙；虽有舟

---

① 朱熹《四书章句集注》，北京：中华书局，1983年版，第170页。
② 朱熹：《四书章句集注》，北京：中华书局，1983年版，第299页。

舆，无所乘之；虽有甲兵，无所陈之；使人复结绳而用之。甘其食，美其服，安其居，乐其俗；邻国相望，鸡犬之声相闻，民至老死不相往来。"①他认为，只要有甘食、美服、安居、乐俗就够了，不需要强势的社会控制和利益争夺。《庄子·马蹄第九》所畅想的"至德之世"："吾意善治天下者不然。彼民有常性，织而衣，耕而食，是谓同德。一而不党，命曰天放。"②"同与禽兽居，族与万物并，恶乎知君子小人哉！"③庄子也提倡类似的理想社会。但无论如何，这类思想毕竟不多，没有成为宗法社会主流思想。

老庄的理想社会毕竟过于浪漫，并不适合社会文明发展的实际情况，没有现实可操作性。人类文明的进步和发展，不仅需要经济基础，也需要政治和观念上层建筑。相对而言，《礼记·礼运篇》中的一段论述，可以说成为中华民族的理想图腾："大道之行也，天下为公，选贤与能，讲信修睦。故人不独亲其亲，不独子其子，使老有所终，壮有所用，幼有所长，矜、寡、孤、独、废、疾者皆有所养。男有分，女有归。货恶其弃于地也，不

---

① 朱谦之：《老子校释》，北京：中华书局，2000年版，第308-309页。

② 王孝鱼：《庄子集注》，北京：中华书局，1985年版，第334页。

③ 王孝鱼：《庄子集注》，北京：中华书局，1985年版，第336页。

必藏于己；力恶其不出于身也，不必为己。是故谋闭而不兴，盗窃乱贼而不作，故外户而不闭，是谓大同。"[①]几千年来，"皆有所养"等大同理想是中华民族的向往，激励一代又一代人奋发图强。中国古代物质生产方式聚焦在乡村产业发展，主要是耕作的农业，依靠天时地利，发展农作物产业。在产业发展进程中，河道水利建设如郑国渠、都江堰等建设，显得非常关键。类似的农业产业工程建设，并没有特别的进入主流意识形态的视野。曾有墨家子弟，在工程建设等方面，提出过自己的看法，以更为务实的思想，充实了当时的异彩纷呈的思想体系，还有如鲁班技艺，在手工业方面，获得了一定的社会认可。但是，相比于宗法社会大一统治国齐家思想理念，这些方面都是太微弱的光芒了。

而且，由于传统社会的治理体系和治理能力的缺陷，宗法社会乡村治理方针就是休养生息，形成如此循环的宿命。只要乡村不受到自然灾害、兵燹、战乱、赋役之苦，总是能够生产出人们所需要的生产生活资料的。宗法社会的乡村治理，总是呈现出类似的无为而治的特征。过度的攫取，总是带来灾难。古代统治者对于农村资源的攫取，都是体现在收取过重的赋税，竭泽而渔，导致农

---

① 孙希旦《礼记集解》，北京：中华书局，1989年版，第582页。

村的凋敝。当然，这是被儒家的士大夫所批判的。对于统治者而言，由于生产力有限，经济水平非常低等客观条件，更看重的政治功利层面是秩序和法则，或者说人心的道德控制和行为的法律约束，对于发展生产力以及技术水平的愿望，并不是那么强烈。这是特定时代背景所决定的。

经济产业的发展是整个乡村发展的血脉关键，传统社会乡村的审美贫困，最大的决定性因素也是产业上的贫困。经济上落后于大都市，乡村荒芜，传统社会普通农民是无法进行乡村建设的。传统社会原生态的乡村成了大都市士大夫文人休憩、放松的地方，是他们游山玩水抒发情怀的地方。少数精英享有了原生态的乡村美，而绝大多数普通农民挣扎在赤贫线之下，即使是在文人眼中的美好胜景，对农民而言，亦是谈不上美的。传统社会的产业落后，是社会时代发展的必然过程，但上层统治者根本上不重视产业的发展和技术上进步，仅着力于绑架道德和维护血缘秩序，对农村进行敲骨吸髓地盘剥，则是更根本的底层原因。竭泽而渔的农村产业模式肯定是走不通的，科学的产业发展模式，对于农村摆脱审美贫困至关重要。

第三节　文化命理：乡村宗法文化逻辑

宗法文化是迥异于西方宗教文化的。其是传统社会在维系宗族成员之间社会关系基础上形成的价值规范、理念和标准等方面的总和。传统社会乡村宗法文明，世所罕见的，构筑了传统社会关系根基。基于人本主义的宗法道德，是其核心意涵。宗法社会恪守最基本道德伦理，坚守孝道、臣道、友道等。"老者安之，朋友信之，少者怀之"[1]，在宗法乡村的很多地区，被严格遵行。不仅是有宗法乡村自身的封闭系统，构筑了稳定的血缘宗法关系，还有来自统治者文化输入和控制。统治者家国天下孝悌文化的输入，或是德政文化，影响每个村落里面的人。统治者倡导"为政以德，譬如北辰，居其所，而众星拱之"[2]，这个"德"也就是传统文化中的人本主义宗法道德，其也是封建政治的基础要义。宗法文化与现代文明的冲突，是造成审美贫困的原因之一。

---

[1] 朱熹：《四书章句集注》，北京：中华书局，1983年版，第82页。
[2] 朱熹：《四书章句集注》，北京：中华书局，1983年版，第53页。

一、忽视生产方式的变革

人类对于美的追求，是人本质力量发展和完善。早在氏族时代，人们就有了用各种贝壳、珍珠来装饰的审美需求。随着生产力不断发展，人们物质生活资料积累越来越丰富，对美的追求和向往是越来越高级而强烈，这就是人类文明进步过程。通过对社会历史观察发现，真正推动社会文明进步的力量是物质生产方式，也就是生产力的进步，或者说劳动等本质能力的进步。然而，中国传统宗法社会的主流思想和主要兴趣集中在道德意识形态建设，这对于社会文明发展进步是阻碍的。乡村文明匮乏、美感缺失等现象，也是有这方面深刻原因的。

人类早期，物质生产力非常薄弱，巫文化盛行。俗话说，楚人好祀，就是说秦汉之间的楚地人，经常从事祭祀等活动。从如今流传的大量的楚辞歌谣看出来，大量楚辞歌谣基本都是祭祀所用的。楚声、楚舞在民间非常流行，在于其不仅是娱乐生活的一部分，也是维系宗法关系的重要仪式内容，具有宗法精神凝聚的作用。鲁迅《汉文学史纲要》认为："楚汉之际，诗教已熄，民间多乐楚声，刘邦以一亭长登帝位，其风遂亦被宫掖。盖秦灭六国，四方怨恨，而楚尤发愤，誓虽三户必亡秦，于是江湖激昂之士，遂以楚声为尚。"[1]楚乐、楚声是有民间文艺的群众基础的。可以想见，在秦汉楚地农村，有大量装潢繁丽的祭祀场所，五花八门的祭祀用品和文艺表演形式。但是，其却没有进一步走向真正对物质方式变革有利的方向，而是仅仅求助于神鬼的帮助。

宗法文化多是通过批判物质方式的变革，以保全自己的信仰和归属。然而，作为先在的物质生产方式进一步发展后，宗法文化必然要面临深刻的生存危机。从孔子、庄子开始，就一直在批判物质方式的变革。举例来说，《论语》中有记载，孔子的弟子樊迟"请学稼"，孔子说"吾不如老农"[2]，樊迟又说"请学为圃"，孔子说"吾不如老圃"，意思是说，樊迟向孔子请教种田、苗圃等技术，孔子是拒绝的。孔子说"小人哉，樊须也！上好礼，则民莫敢不敬；上好义，则民莫敢不服；上好信，则民莫敢不用情。夫如是，则四方之民襁负其子而至矣，焉用稼！"[3]意思是，仅仅需要礼义与信，就已经够了，就是道德社会，哪里用得着学种田、苗圃等技术工种来引导百姓呢？在历史进步与社会道德之间，主流思想倾向

---

[1] 鲁迅:《鲁迅全集》，第九卷，北京:人民文学出版社，1981年版，第385页。

[2] 朱熹:《四书章句集注》，北京:中华书局，1983年版，第142页。

[3] 朱熹:《四书章句集注》，北京:中华书局，1983年版，第142页。

于人本主义道德建设，对物质方式的变革，一直持批判态度。

从黄老道教的神秘主义脱离出来，宗法文化成为大汉国家意识形态之后，乡村似乎又倾向于现世意趣和人间情怀。尤其是魏晋时期，山野田园生活成为一种避世、休闲的时尚，竹林七贤以及很多门阀大族，都在或多或少向往着乡村生活。陶渊明回归田园，享受田园生活的悠然和自在，则是让田园有了美好的生活气息。魏晋时期门阀贵族，掌握话语权，如颜延之等，从根本上否定了生产劳动的意义。可以说，几乎所有的门阀贵族，都鄙视生产改革，忽略物质方式变革的社会意义。

唐宋以来的宗法社会，则更充满了生活气息，对于物质方式的变革，也同样持批判态度。王安石变法时，主要是对物质生产关系进行重新布局和调整，其遭受了保守势力前所未有的攻击，最终在传统宗法势力的极力阻挠下变法失败。即使如此，在风调雨顺的日子里，这并不妨碍宗法关系下寻常百姓过日子。唐代王驾有《社日》："鹅湖山下稻粱肥，豚栅鸡栖半掩扉。桑柘影斜春社散，家家扶得醉人归。"[①] 春社是祭祀土地神的日子，也是感恩和祈祷农家丰收的景象，这里六畜行为，乡人淳

---

① 彭定求等：《全唐诗》，北京：中华书局，1979年版，第7918页。

朴，春社热闹，一切都有那么强烈的生活气息。宗法社会中血缘脉络下知识的流传、情感凝结等，往往通过节日庆典等方式实现。宋代诗人陆游在游览"山西村"的时候，写道："莫笑农家腊酒浑，丰年留客足鸡豚。山重水复疑无路，柳暗花明又一村。箫鼓追随春社近，衣冠简朴古风存。从今若许闲乘月，拄杖无时夜叩门"。①也是写到了春社的祭祀活动。国之大事，在祀与戎。唐宋时期的春社等节日，一直还在乡村延续着。直到近代中国，在鲁迅笔下仍然有社日活动。只是，类似的乡村活动，总是充满了道德意识和意识形态的兴趣，对于物质生产方式的变革总是无关的。

宗法社会生活并不简单，而是非常地丰富而有趣。如，现在出土的汉代雕塑作品中，仍有不少乐舞俑、杂伎俑以及牛、羊、猪等牲畜的陶器制品。"东汉陶俑的选材几乎涉及家居生活的所有方面，如庖厨、扛粮、执帚、执箕、执瓶、执镜、哺婴、背娃、献食、提鞋、提水、跽坐、抚琴、吹箫、击鼓、说唱、歌舞、对弈、杂技、百戏等，也包括劳动生活的许多方面，如执锤、背篓、杵舂、扶锸、种田等。另外还有大量家禽家畜俑，如狗、猪、鸡等。还出现了与人、畜陶俑所体现的庄园生活密切相关的楼

---

① 钱仲联：《剑南诗稿笺注》，上海：上海古籍出版社，1985年版，第102页。

榭、坞堡、住宅、风车、猪圈、井、船等模型。这一切都说明东汉陶俑（塑）在题材内容上更趋生活化、家居化和世俗化。这里几乎不存在什么神秘的意象和虚幻的气氛，所有的东西都是很实在、很通俗、很明朗的，都是与平凡感性的生产、生活息息相关的。从这里我们感受到的是浓郁的庄园情调和人家气息。"① 宗法庄园生活原初的模样，浓烈的生活气息，点缀着美丽的乡村，让其焕发出生活的美好气息。但是，几千年来体现物质方式变革的生活内容，却是非常少的。

士大夫眼中的乡村，仅是个人的情感，投射到乡村山水田园上的意象生成，与物质生成方式的更新和变革关系不大。范成大《冬春行》："腊中储蓄百事利，第一先春年计米；群呼步碓满门庭，运杵成风雷动地。"② 写雨后乡村。唐人王建《雨过山村》："雨里鸡鸣一两家，竹溪村路板桥斜。妇姑相唤浴蚕去，闲看中庭栀子花。"③ 写的是个人的闲适心情，不会关心农业生产。传统的日出而作，日落而息，乡村有了文字，有了歌谣，才能传情、

---

① 陈炎等：《中国审美文化史》，济南：山东画报出版社，2000年版，第140—141页。

② 范成大：《范石湖集》，上海：上海古籍出版社，1981年版，第410页。

③ 彭定求等：《全唐诗》，北京：中华书局，1979年版，第3431页。

达意，这为乡村增添了不少的人文色彩。常建有诗云："翳翳陌上桑，南枝交北堂。美人金梯出，素手自提筐。非但畏蚕饥，盈盈娇路傍。"[1] 以美好之景，衬托美好之人。乡村的姑娘们，正值青春年华，边采桑边歌唱，活泼动人，成了春日里最美的景色。这里的乡村，充满了春的气息，如此富有生活气息和诗情画意。欧阳修的《田家》云："绿桑高下映平川，赛罢田神笑语喧；林外鸣鸠春雨歇，屋头初日杏花繁。"[2] 这是只有士大夫才能写出的词句，却又极为传神地写出了乡间美景。桑叶似平川，绿叶红日交相映，还有那杏花让乡村的色彩更为斑斓。更关键是还有"赛罢田神笑语喧"，更是写出农家人精神状态和生活情趣。对于乡村物质生产方式的变革，却完全没有着墨。

宗法社会对物质生产方式变革的批判态度，一直持续到晚清时期。批判的重要方式之一，就是道德批判。在西方的坚船利炮下，单纯的道德批判，改变不了落后挨打的现实。物质生产方式的变革，已经迫在眉睫。

贫困是经济和社会结构的产物，并非社会价值观的结果。审美的贫困也是如此，其最根本的原因是物质经济的滞后，以及个人、社会的本质力量的欠缺。

---

[1] 郭茂倩：《乐府诗集》，北京：中华书局，1998年版，第412页。
[2] [北宋]欧阳修著，李逸安点校《欧阳修全集》，北京：中华书局，2001年版，第185页。

二、崇尚血缘等级的秩序

几千年来，可以肯定的是，中国农业乡村社会，在宗法文化维系下，是一个非常稳定的血缘等级结构。无论是农村社会的政治结构、经济结构或文化结构，都是非常稳定的，深刻体现了中华民族的性格和心态。在生产力比较落后、生产资料有限的宗法社会，社会秩序能够比较稳定，依靠的是家族有序的等级观念。家族是人的自然性与社会性链接点，能够不断增加人口，也能够进行有效的资源分配。家族利益是首先被考虑的，家族中没有个人的权益和利益。于是，有限的资源分配，通过等级安排，以实现资源的合理分配。等级秩序依靠的是先天的血缘合法性来确定。如此，则避免了权力越级。

宗法社会血缘确定社会地位的同时，非常注重烦琐的仪式、规矩的礼仪以及孝悌、无违等道德规范建设。这一切都是为了维护血缘等级秩序。这就是所谓的差序格局关系或者说五服关系。同姓从宗，宗法文化让乡村生活显得非常有序而可靠。宗法思想体系深入骨髓，以孝道为核心的血缘联系，把家族内部的每一个紧密缠绕在一起。季文媚说："中国古代社会讲究血缘关系，以血缘关系形成了一条无形纽带，维系着一个宗族社会，形成了'同姓聚居'的聚落模式。聚落的物质形态上，则是常常以宗祠为核心形成聚落的核心节点，成为聚落的公共活动中心。宗族制度管理和制约着一个小社会，建立并维持着这个小社会各方面的秩序；因此，在聚落布局组织方面也呈现出一定的秩序性。在聚落布局中，往往以祠堂为中心，形成居住组团。按照血缘关系远近不同，宗族又分别形成房系、支系，并各有支祠；再次形成一个个居住组团，围绕在支祠附近。这样就构成了一个聚落内在的网络结构体系。例如：安徽黟县西递村以全村宗祠敬爱堂为中心，下分九个支系，分别以各自支祠为中心形成组团，整个村落布局与分区明确。"[①]宗法关系下，每个人的自由全面发展是不可能的。血缘关系只是初步确定了人的等级地位和关系，还需"风轨""劝诫"之类，发挥宗法思想中仁、义、礼、智、信等意识形态，以规制个人的任性。

以血缘等级确定社会关系的文化，影响着社会各方面，包括乡村的面貌、建筑风格、社会心理等。不同于以商业经济关系为特点的外向型社会心理，宗法文化塑造的社会心理，总体来说都是向内求索的。孔子论恕、谈仁、讲君子信义主要是论人心的。沿着这条路线，汉人董仲舒曾向外在的天道求索，天人合一，最终也归于

---

① 季文娟：《徽州传统聚落与建筑的审美特征及现代启示》，《江淮论坛》，2018年第3期，第183-187页。

人心善恶。由此，儒家各师承派系，无论是理学或心学，都指向人的内心，向内求索，寻得内在完善。这种民族心理，造就了民族内敛的性格。然而，向内求索，封闭自守，更容易形成含蓄的、内向型社会心理。

宗法社会的内向型心理，影响到乡村社会的各个方面，包括建筑风格等。传统社会，有夯土建筑、洞穴建筑、木质建筑、砖瓦建筑等，承载着丰富的文化内涵，其审美取向往往浸润儒、释、道、佛等思想，其中又以儒家等级社会思想为主，形成和谐、宁静和自然的向内探索的风格。以祠堂为代表的院落民居，构成了宗法社会建筑美的核心元素。其体现了血缘等级社会现实。在祠堂的周围分别布局了以夫妻为单位权属的院落，如浙江东阳的"十三间头"民居，院落相连而又独立。多进院落构成了乡村的庭院深深。这样的建筑正是体现了宗法文化的基本品格，即在血缘等级宗法关系中的平稳、柔韧、内敛而渐进发展的。还有福建的客家土楼，现今仍存有不少，一方面固然有防御、安全等因素考虑，更重要的是中华民族的向内团结的精神体现。在很多人的心理中，即使外面风风雨雨很艰难，回到家里面，就是心灵的港湾。这就是几千年来向内求索的民族心理。

乡村祠堂是宗法社会血缘等级关系的直接呈现。与西方到处都是教堂类似，值得注意的是，中国古代乡村凡是人口聚居密集处，似乎都有祠堂。在宗法体系中，形成了以小家族为主的差序格局，这种宗族关系构成的差序格局，让中国人特别注重自己在宗族中的位置。于是，中国人的祖先神崇拜就代替了西方那样一家独大的宗教格局。无处不在的宗族祠堂，点缀着中国古代乡村。如果要问哪个乡村建筑最美，很多乡村最漂亮的建筑物多半是祠堂。相比于祠堂，中国古代乡村的其他建筑就简单很多。流传至今的艺术作品中，有表现城市繁荣的汉赋《东都赋》《西京赋》等，有绘画名作《清明上河图》等，唯独对于乡村的绘画作品较少，与之较为接近的是中国古代层出不穷的水墨山水画，其中或有寺庙、亭台、佛塔、人物等。涉及民居的乡村建筑，则显得非常的简陋和粗糙。

针对宗法社会乡村建筑物风格，施建业说："庭院空间的内向性还带来了建筑艺术表现的含蓄性。传统建筑不是从街道、广场上一览无余地看到建筑的基本形象，而是通过一间间庭院的纵深序列，逐渐地展现一组组的空间景观，最后进入主体庭院，充分体现了中国传统建筑的含蓄美"。[①] 又说，"中国传统的居住型庭院大多具有封闭性和秘密性特点。为了满足人们的心理需要，这种

[①] 施建业:《"中国人审美追求"的理解》,《美与时代》,2015年第11期，第16-20页。

类型庭院提供了内向的、安全的居住环境和宁静的、亲切的气氛。中国的传统住宅，大多采用四合院平面布局，由正房、东西厢房和垂花门围合而成，它的特点是使内外空间尽可能地隔离，组成一个宁静、无干扰的空间"。① 还说，"中国的园林曲曲折折，遮遮掩掩，变化多端，给人以无限深远、韵味无穷的感觉，表现了中国人以含蓄为美的审美情趣。中国园林的特点是迂回曲折，特别是园林中的路更注重迂回曲折。园林中的路往往欲左先右，欲上先下。不求直捷，而求曲折；不求近便，而求回绕。曲折的小路，使游客看不见尽头，使园林景象含蓄，层次深远，空间幽静。可以延长游览路程，增加远景层次，深化园林意境。中国园林还强调掩映，而所谓掩映就是遮遮掩掩"。② 这些说法是比较准确的。中国传统居民和园林的封闭性和秘密性，也正是宗法社会血缘等级关系的体现。具体来说，其不注重个人的价值和意义，而是更侧重于家族间的相互贯通。在西方，很少有同在一个屋檐下的不同家庭，而在中国乡村是非常常见的。

西方以石质建筑居多，把建筑物如教堂等堆砌得非

---

① 施建业：《"中国人审美追求"的理解》，《美与时代》，2015年第11期，第16—20页。

② 施建业：《"中国人审美追求"的理解》，《美与时代》，2015年第11期，第16—20页。

常雄伟而庄重，好似直插苍穹。而中国乡村建筑体，则是以砖木结构为主，采用山石、花草、泥土甚至茅草等自然材料，注重实用性和审美性相结合，呈现出曲径通幽、柳暗花明的效果。这是一幅中国传统的山水画，即使是水墨山水，也能够在幽转曲折、层层熏染中，以内在的韵味取胜。这种与西方的建筑差异，就明显体现了血缘等级内部的亲密关系。在宗法社会，乡村建设的一切方面都是这个文化导向的。

三、迟滞的科学文化普及

宗法文化重亲情、好团结等方面是优秀文化传统，但其封闭性、保守性特征，也会在快速变革的时代中，特别是近代在重科技、理性的西方文明前，变得不堪一击。宗法文化是基于血缘等级关系的农耕文化，在风调雨顺的日子里，农耕社会创造的社会财富，能够满足乡村自给自足的生存状态。简单自然经济形态，是人类历史的某阶段。人类文明会不断进步发展，随着社会生产力突飞猛进，人类文明很快会进入新的阶段，而宗法社会的弊端也就逐渐显露出来了。

首先，宗法文化中的天人合一观念，也就是把天地作为人的生命体一部分，赋予其人格特征或情感内涵，本质上是对客观性较强的科学文化的排斥。天人合一混沌状态下，对于世界和自己的认知，是基于生命共同体的整体性认知，缺少了客观性和距离感的科学认知，是缺少科学的、严谨的分析性认知的。与西方传统文化不同，其是二元论的，也就是先天设定人与世界的二元传统，而宗法社会则是一元世界，是天人合一的一元论，这就是显著的中西文化差异。

宗法社会讲"大乐与天地同合"，说的就是人在与天地交感的时候，才能感受到真正本质的存在状态。董仲舒说过："天地之行美也"[1]，"天地之化精，而万物之美起"[2]，"人有喜怒哀乐，犹天之有喜怒哀乐也，喜怒哀乐之至其时而欲发也，犹春夏秋冬至其时而欲出也"[3]，"人气调和，而天地之化美"[4]。这是非常有意思的一些表述，深刻体现了古人对于天人之间彼此融合、精神交通的认知。孟子说："牛山之木尝美矣。以其郊于大国也，斧斤

---

[1] 董仲舒:《春秋繁露今注今译》，台北：台湾商务印书馆，1984年版，第429页。

[2] 董仲舒:《春秋繁露今注今译》，台北：台湾商务印书馆，1984年版，第440页。

[3] 董仲舒:《春秋繁露今注今译》，台北：台湾商务印书馆，1984年版，第437页。

[4] 董仲舒:《春秋繁露今注今译》，台北：台湾商务印书馆，1984年版，第440页。

第二章 审美贫困的传统命理逻辑

伐之，可以为美乎？"①主张要顺应自然、与天地和谐共存，体现了朴素的生态思想。

但是，宗法社会文化传统中的天人合一，也是有等级秩序的。这里有一个核心的概念就是天地人三才合一，其不仅规定了天、地与人的秩序，而且规定了天、地与人的关系。于是内定了这样一个逻辑：人由天生，继而，世间万物皆由天生，都得顺从于天，以人合天，孔子也说"畏天命"。所以，天是最大的、等级最高的。相对而言，人是最卑微的，唯有顺从于天，不能违反它。《论语》："天何言哉？四时行焉，百物生焉，天何言哉？"②荀子说："天地者，生之始也"③，"天地者，生之本也"④，"列星随旋，日月递炤，四时代御，阴阳大化，风雨博施，万物各得其和以生，各得其养以成"⑤。"天"成为万事万物运行的规律，于是出现了"天""天道"等词汇。如何顺从天意呢，最核心的就是人的活动要有"德"。德是用来规范人与人、人与自然万物之间的关系的。宗法社会尤其重视"德"。

---

① 朱熹:《四书章句集注》，北京：中华书局，1983年版，第330页。
② 朱熹:《四书章句集注》，北京：中华书局，1983年版，第180页。
③ 王先谦:《荀子集解》，北京：中华书局，1988年版，第163页。
④ 王先谦:《荀子集解》，北京：中华书局，1988年版，第349页。
⑤ 王先谦:《荀子集解》，北京：中华书局，1988年版，第308-309页。

王曙光说:"中国古代农业文明思想第一个特点是强调天人合一。与西方人定胜天、人和自然二分的概念不一样,中国特别强调天人合一,强调人和自然的和谐统一,这是中国古代农业文明一个最大的特点。西方的人与自然二元的概念,起源于古希腊人的思想,古希腊经济是一个以农业为主的经济形态,因此古希腊人面对的都是怎么征服自然,怎么跟大海作斗争,跟天气作斗争。而中国是农耕社会,一万年前就进入农耕社会,农业耕作就要天人相参,天人合一,尊重自然,顺应自然。"[1] 所以,宗法社会的人们对于"向外求"的自然科学发现是迟滞的。

其次,家族血亲的经验传承,如父子相传等,迟滞了科学的发现。宗法社会的特点是父权社会。父字,《说文解字》解释为:"矩也,家长率教者,从又举杖"。父字辈代表了权力、规矩和社会生存发展经验。其在家族中的绝对权威,可以主宰一切,其他成员都是附庸,必须服从,没有任何的个性和独立可言。父字辈的权威,不仅来自血缘注定,还有其社会生存和发展经验,其通过口耳授受,以继承其天生的权力。在远古时期,在还没有私塾授受之前,在还没有孔子倡导的师儒传承之前,

---

[1] 王曙光:《中国农村:北大"燕京学堂"课堂讲录》,北京:北京大学出版社,2017年版,第357页。

几乎所有的知识体系都是靠父子传承的。这种父子相传的知识体系是封闭的、保守的，是无法无限复制的，也是欠缺创新性的。知识体系以父子相传，在后世如汉代也有体现，如负责星宿、天文方面的史官司马迁、班固等，都是基于父子相传而来的知识体系。这种知识传播体系，不仅限制了知识的复制和增长，而且缺少了知识的创新和发展。宗法社会的权力是"纵向"的，自上而下的，也就是要求每个成员"孝悌"，即孔子说的"无违"。"无违"就是顺从既定的社会生存发展经验，不能有突破和创新。"纵向"权力布局，家长专制，是不鼓励逾越现存规矩的新发现、新科学的。

最后，国家机器为了维护其核心的宗法道德立法依据，或者说维护阶级利益，是绝不会打破固有的宗法传统，阻碍科学的传入和普及。家族、私有和国家是宗法社会发展的基本路标，国家与家族融为一体，一切财产都归家族私有。"欲治其国者，先治其家。"亲亲尊尊之间，完成私有财产的分配。于是，"三纲""五常"等宗法规矩，就成了普遍的约束。国家管制下的思想界，被严重禁锢着。封建国家机器顽固地坚持着道德人文主义，以维持和巩固其阶级利益。封建国家机器专注于道德人文主义的宗法社会，让天地皆为道德的符号，并成为道德的立法依据，也是其自身统治合法性的依据。诚然，宗法社会国家机器的这种生存哲学,是基于人的生存和发展的人本主义哲学,其维系千年的意识形态思想统治地位,同时意味着科学特别是自然科学的缺失。法国阿尔都塞认为文化分为意识形态型和科学理论型,显然中国传统宗法文化,是属于意识形态型的。宗法社会从国家机器,到家族个人,对于科学理论都兴趣寥寥。刘士林说:"中国的道德人文主义传统,从其源头就是一种信仰的产物,它产生于古代思想家'独断论'式的、一厢情愿的道德'假设',或道德形而上学,即相信世界的合目的性,相信人格本体的自足和万能。它的悲剧并不在于它提供的这种信仰方式,而在于用道德的价值论取代了科学的知识论,道德决定一切,而道德本身又没有经历过反思和批判的坚实哲学基础,这使传统文化哲学只被异化为一种道德批判功能。"[①] 这种局面,一直延伸到不得不改变的地步。清末民初,科学和民主两面大旗,开启了近代中国现代化历程。马克思主义在五四新文化运动中,在中国传播开来。

---

① 刘士林:《文化哲学研究三提议》,《山东社会科学》,1992年第6期,76-81页。

第三章

重塑审美理想：
美丽乡村文化原型

中华民族在长达五千年历史长河中，以磅礴气概，冲破险阻，屹立世界民族之林。中华民族生生不息的奋斗精神，奔腾向前的无尽勇气，逐渐凝聚并沉淀为极其丰富的精神文化财富。中华民族乡土思想文化原型，是民族的精神支柱和力量。如此深厚绵长的文化传统，滋养着华夏儿女。在广袤的中华大地上，人民群众辛勤耕耘、创造美好生活。作为农业大国，毫无疑问，宗法社会也有非常多让人向往的美丽乡村，诸如牧童遥指的杏花村、桃花潭水深千尺的桃花潭、腊酒浑的山西村等。这些美丽的村落，世代传唱，可谓乡村审美理想和文化原型。民族复兴和进步离不开优秀传统文化的赓续。摆脱审美贫困，以继承和发扬传统文化为契机，寻找文化原型，建设新时代美丽乡村文明，是必由之路。

第一节　道法自然的文化原型

翻阅古文献，前人梳理的中国古代自然与生态思想，已然非常完备。自《诗》《书》等文献中，可以看到古人对于物质世界、自然万物朴素情怀。"任自然"的观点，一直影响着人生态度或信仰，成为宗法社会生活中的文化自觉，也对今人有无比深厚的影响。任自然的观点，作为中国古代美学传统的一部分，对重塑乡村审美理想，有重要的指导意义。走向自然、回归自然，换一种生活方式，获得轻松和适意，是人性的本能需求，古今一也。

一、道法自然的人生论哲学

儒家偏重于政治实践，道家更侧重审美体验，各有所长，各有所用。道家关注个人的生存状况和精神状态，其作为儒家思想的有效补充，丰富人们的精神生活视野并提供形上思考超越性可能。道家理想，包括道法自然，是中华民族的集体理想之一。作为一种思想渊源，并不是虚无的，其在不同的时代，当然也具有不同意义。中华民族历史大势，在宗法社会自有分分合合。魏晋南北朝时期，是自秦汉一统之后，隋唐扩张以前的分裂割据时代。这个时代的典型特征，是中华民族的大融合时代。北方游牧民族主动融入中原儒家文化中来，碰撞出灿烂思想融合的火花。

魏晋南北朝的思想局面，有其历史的必然性。两汉儒家思想与政治体制中的"教化"部门结合起来，形成"师儒合一"的局面，历经所谓古今文经学的辩争，对整个社会的思想控制，达到前所未有的局面。这是儒家思想的成功。当然也是有条件的。道统的成功，当然也以政统为凭依。政治权力不再集中，强制推行的思想弊端显露出来，如谶纬学说等，已然严重侵蚀儒教文化的根基。东汉末年，强权当道，大儒都已归深山，著书讲学，道统的力量失去了政治权力的保护，不再能够移风易俗、教化大众了。

一方面，儒教文化的没落，给了其他思想乘隙而入的机会。不仅是中国本土的道教思想破土而出，西方的佛教文化也陆续输入。这些千奇百怪的思想体系，以各种人们喜欢的方式，抚慰着深受战乱、割据之苦的士人的内心。另一方面，任何一个时代的文化，离不开这个时代的精英人群。中华文化的源远流长，就在于无数的仁人志士串成的一朵朵历史的浪花。今日之中国，面对

第三章 重塑审美理想：美丽乡村文化原型

百年未有之大变局，也是需要无数风流人物，以对国家、民族的历史担当，冲锋在时代的最前方。乡村振兴的建设事业，同样需要新时代的文化人，勇担重任，撑起民族的脊梁。当然乡村建设脱离不了文化传统，文化传统中知识分子对文化思想传承和创新的责任与担当，是最重要的组成部分之一。

所以，谈宗法社会美丽乡村，不能脱离"士人"或者说知识分子这个群体。可以说，是这个群体，直接造就宗法社会美丽乡村的现实图景和理想愿景。如果谈到对于乡村社会的愿景的话，道家的鼻祖老子曾经设想过这样的一个社会："小国寡民，使有什伯之器而不用，使民重死而不远徙。虽有舟舆，无所乘之；虽有甲兵，无所陈之。使民复结绳而用之。甘其食，美其服，安其居，乐其俗。邻国相望，鸡犬之声相闻，民至老死不相往来。"[1]这是非常有意思的理想假设，却在国内外无数的政治理想和实践中都可以看到影子。一切归之于原始与自然，不需要人为的矫饰和装点，还原为生命最本能、原始的无政府状态。这种社会状态或许没有现实的可能性，却有深厚的情感基础和精神渊源。在以儒家为人生理想的士人心中，建设这样的乡村社会，或许并非他们的终

---

[1] 朱谦之：《老子校释》，北京：中华书局，2000年版，第308-309页。

极理想，而在心灵上、精神上实现这样的人生追求，则可以成为无数人的梦想。

　　自魏晋南北朝以来，九品中正制度形式确立，大家豪族林立。特别是东汉光武帝，更是依靠世族大家，稳固自己统治地位。余英时《士与中国文化》道："汉人通经致用、治学盖利禄之阶，故士人与日俱增，此世所习知者也。东汉之兴既已颇有赖于士族之扶翼，则光武之弘奖儒术殆亦事有必至，无足怪者。近人研究魏晋南北朝之世家豪族者往往溯其源至东汉之世，岂偶然哉！东汉士大夫在政治、经济及社会各方面之发展，近人言之已详，所当申论者，即士大夫之社会成长为构成其群体自觉之最重要之基础一点而已。惟自觉云者，区别人己之谓也，人己之对立愈显，则自觉之一是亦愈强。东汉中叶以前，士大夫之成长过程较为和平，故与其他社会阶层之殊异，至少就其主观自觉言，虽存在而尚不甚显著。中叶以后，士大夫集团与外戚宦官之势力日处于激烈争斗之中，士之群体自觉意识遂亦随之而日趋明确。故欲于士之群体自觉一点有较深切之了解，则不能不求之于东汉后期也。"[①] 这个时代的士人，比较关注个人的名声、毁誉等。如刘义庆的《世说新语》中就列举了士人

----

① 余英时：《士与中国文化》，上海：上海人民出版社，2003年，第251页。

的德行、言语、文学、雅量、容止等方面。这就是士人的文化自觉。文化自觉，也造就了文学艺术的自觉。宗白华说："汉末魏晋六朝是中国政治上最混乱、社会上最苦痛的时代，然而却是精神史上极自由、极解放，最富于智慧、最浓于热情的一个时代。因此，也就是最富有艺术精神的一个时代。"① 这一论断对南北朝时期的文化特征作了高度概括。

士人的理想生活状态，可以用一句话来形容，就是"越名教而任自然"。陈寅恪说："故名教者，依魏晋人解释，以名为教，即以官长君臣之义为教，亦即入世求仕者所宜奉行者也。其主张与崇尚自然即避世不仕者适相违反，此两者之不同，明白已甚。"② 魏晋时期，秉持"任自然"学说，最有名的就是阮籍、嵇康等人。这与当时特殊的政治环境有关。大分裂的时代，却造就了个性的独立和特行。有人说这是人性从原始主义到集体主义的觉醒时代，也就是迈入了个性主义时代。士人个性的觉醒，对于个人的独立向往和追求更为迫切，极大地推动了古代文明的更新和发展。可以说，魏晋风流，都是些人的风

---

① 宗白华：《美学散步》，上海：上海人民出版社，1981年版，第177页。

② 陈寅恪：《陈寅恪史学论文选集》，上海：上海古籍出版社，1992年版，第119页。

姿绰约，个别风流人物的个性主义和自然主义，殊不知在这样的文化氛围中，也诞生了陶渊明这样的艺术大师，创造了一个世外桃源，成为民族美丽乡村的文化原型。

士人们的个性觉醒和精神独立，对当时的山水田园的乡村发展和建设，是具有极大意义的。宗白华说："晋人向外发现了自然，向内发现了自己的深情。山水虚灵化了，也情致化了。陶渊明、谢灵运这般人的山水诗那样的好，是由于他们对于自然有那一股新鲜发现时身入化境浓酣忘我的趣味；他们随手写来，都成妙谛，境与神会，真气扑人。"[①]士人更多地融入乡村山水田园之中，尤其是一些豪门大族，也在乡村田园中建设自己的庄园，不少士人在乡土田园中寻找精神寄托和家园。

东晋豪族子弟谢灵运在文坛很有名气，其山水诗，可谓开风气之先。谢灵运有个特点，就是特别喜欢占据田宅，修建别业，享受山水之乐。史书上称其"灵运父祖，并葬始宁县，并有故宅及墅"，也就是说，宗族留下来的家产、别业不少。谢灵运移居会稽后，"修营别业，傍山带江，尽幽尽之美"[②]。东晋时期的会稽主要是今天的浙江绍兴、宁波一带。谢灵运有一首《山居赋》，"叙山野草

---

① 宗白华：《美学散步》，上海：上海人民出版社，1981年版，第183页。

② 沈约：《宋书》，北京：中华书局，1974年版，第1754页。

木水石谷稼之事",写出了当时山川别业之恢弘美,也表达出他的山水情怀。他写道:"古巢居穴处曰岩栖,栋宇居山曰山居,在林野曰丘园,在郊郭曰城傍,四者不同,可以理推。言心也,黄屋实不殊于汾阳。即事也,山居良有异乎市廛。抱疾就闲,顺从性情,敢率所乐,而以作赋。"① 下面引述他对居所的描绘:"其居也,左湖右江,往渚还汀。面山背阜,东阻西倾。抱含吸吐,款跨迂萦。"② 深刻呈现了中华传统建筑之美。山水田园之美,以赋体写成,不无夸张之处,可谓是穷尽其美。东晋的庄园文化,在整个封建王朝是非常典型了,可谓当时的生活美学。这深刻影响了中国人的文化心理,返乡修建豪宅,以获得身心的欢愉。

更重要的是,当时士人的个性觉醒,却是与整个时代的道法自然的思想潮流紧密结合在一起的。自然是道家推崇的,与礼法观念是对应的,是一种人生理想和态度。《老子·第二十五章》中有这么一段话:"有物混成,先天地生,寂兮寥兮,独立而不改,周行而不殆,可以为天下母。吾不知其名,字之曰道,强为之名曰大。大曰逝,逝曰远,远曰反。故道大,天大,地大,王亦大。

---

① 沈约:《宋书》,北京:中华书局,1974年版,第1754页。
② 沈约:《宋书》,北京:中华书局,1974年版,第1757页。

域中有四大，而王居其一焉。人法地，地法天，天法道，道法自然。"①王弼注《老子》"道法自然"说："道不违自然，乃得其性，法自然也。法自然者，在方法方，在圆法圆，于自然无所违也。"②这是非常有意思的一种提法。

基于道法自然的人生态度，与之呼应的就是田园生活了。"道"这个词，作为宗法社会客观唯心主义的重要概念，一直存在于各种思想文献之中。在思想家那里，"道"这个词是高于一切现象和行为的，是天地人一切的主宰。道家更注重形而上的"道"，儒家更注重形而下的"德"，道家的思想更具有思辨色彩，而儒家的思想体系更注重实践目的；道家更注重自然万物的探寻，而儒家更注重人伦社会的建设。正因如此，道家谈"道"，更容易与"天""自然"等自然事物联系起来，而且"天"具有更为形象的特征，于是，出现了"天道"等词汇。然而，宗法社会思想体系绝不是孤立的，而是彼此融合的。宋代之后，客观唯心主义的"理学"盛行起来，与"天道"的理论具有天然的契合。于是，天道被用于儒家的思想体系变得越来越频繁。这时候的"天道""道""理"等，是儒家士大夫的最高理想和追求，是一切的本质和

---

① 王弼:《王弼集校释》,北京:中华书局,2009年版,第63-65页。
② 王弼:《王弼集校释》,北京:中华书局,2009年版,第65页。

根源。当道统和政统发生争执的时候,道统作为儒家最高的坚守,往往有克制皇权以及其他一切非道统行为的意义。《水浒传》中梁山泊起义提出的"替天行道",也是为天道而行事,寻找到的自身合法性。从这些可以看出,"道""天道"等与世俗的政治有天然的异质性,或是说其更有与世俗权力的疏离倾向。

道法自然的人生论哲学,可说是一种生活美学,一种生活的态度。龚刚说:"在道家看来,天下万物属于一个完整的生态体系,一切都不能与这个整体割裂。老子明确指出,'人法地,地法天,天法道,道法自然',强调自然乃一切的本源和范式。诚然,'也许老子所说的自然并非我们今天所说的自然界,而是主张不施妄为、顺其自然,追求纯真素朴、淡然超越的境界'。道家的回归田园、道法自然的生活方式,让我们直接感受到纯真、淳朴、恬淡、超然。如陶渊明一般徜徉于'山气日夕佳,飞鸟相与还'的审美与哲学境界,逐渐沉浸其中,人们会不自觉地远离无尽的贪婪,远离工业文明带来的无尽生产和无度的消费。从田园诗意的生活中,我们可以再次发现人与世界的紧密联系,不分彼此,也因此更为平和地栖居于这个世界。"[1] 这种生活美学对中华文明的影响

---

[1] 龚刚:《"道法自然"的生命哲学与生活美学》,《人民论坛》,2020年第11期,第66-68页。

是非常深远的。

二、从道法自然到无为政治

道法自然的人生态度,并不是与政治毫无关系。其与政治上的亲密联系,更多体现为思想家倡导的无为政治。关于越名教而任自然,王弼解释"道法自然"时说:"自然,其端兆不可得而见也,其意趣不可得而睹也。"[1] 又说:"天地任自然,无为无造,万物自相治理,故不仁也。"[2] 自然就是"无为",休养生息,顺其自然。实际上,无为政治的话题,在思想家老子那里,就有了很多深刻的阐释。老子说过,"道常无为而无不为"[3];"不欲以静,天下将自正"[4];"爱人治国,能无为"[5]?"取天下常以无事,及其有事,不足以取天下"[6];"去甚,去奢,去泰"[7],这些说法,都是老子的无为政治理想。于是,有学者指出,"老

---

[1] 王弼:《王弼集校释》,北京:中华书局,2009年版,第41页。
[2] 王弼:《王弼集校释》,北京:中华书局,2009年版,第13页。
[3] 朱谦之:《老子校释》,北京:中华书局,2000年版,第146页。
[4] 朱谦之:《老子校释》,北京:中华书局,2000年版,第147页。
[5] 朱谦之:《老子校释》,北京:中华书局,2000年版,第40页。
[6] 朱谦之:《老子校释》,北京:中华书局,2000年版,第193-194页。
[7] 朱谦之:《老子校释》,北京:中华书局,2000年版,第118页。

子的以'百姓心为心'的思想,'治国以俭'的思想,即使在两千多年后的今天,也还有它的价值。"[1]

孔子在《论语》中提过一次"无为","无为而治者,其舜也与?夫何为哉?恭己正南面而已矣。"[2]孔子的无为思想在汉初并没有得到重视。由于汉初楚地的文化背景,反倒是黄老思想盛行起来。在陆贾等学者的大力鼓吹下,无为而治的政治思想也大行其道,"有启文景萧曹之治者"。徐平华说:"陆贾是汉初最早提出'无为'治国的思想家,促成高祖从有为取天下到'无为'治天下的转变。"[3]这套政治思想体系,与当时的政治环境有关系,具体执行还是依靠当时的乡党治理传统。"传统的'无为'政治有一套支撑体系。乡村精英、长老统治和平民家族都是传统的'无为'政治能够实现的支撑体系。"[4]

乡党治理说明无为政治并非纯粹的无所作为,而是简政放权。无为政治在宗法社会几千年来都有政治生存

---

[1] 魏家齐:试论老子无为而治的政治构想,《贵州社会科学》,1992年第4期,第23-25页。

[2] 朱熹:四书章句集注,北京:中华书局,1983年版,第162页。

[3] 徐平华:陆贾的"无为"观及思想史意义,《现代哲学》,2014年第1期,第108-114页。

[4] 朱伯函,蒋占峰:"无为"传统的回归与当代乡村社会治理困境,《农村经济与科技》,2018年第15期,第270-271页。

缝隙，是不少文人墨客提出的政治策略。阮籍的《大人先生传》："今汝尊贤以相高，竞能以相尚，争势以相君，宠贵以相加。驱天下以趣之，此所以上下相残也。竭天地万物之至，以奉声色无穷之欲，此非所以养百姓也。"①这就是倡导的无为政治，当然，这也仅仅停留在文人学者的口头或书面的表述之中。对于汉初政治的无为而治，实际上有学者进行过深入的阐释。王中江说："在政治共同体中，为了保证人民的统一和秩序，也需要普遍的规范和法则，这是作为人间'法律'的'一'。在黄老学看来，人间法律的'一'根源于最高的作为道法和自然法的'一'。黄老学通过引入普遍的'法律'规范，就将圣人的'无为而治'具体转化为圣人通过道法之产物的'法律'来统治。这是黄老学对'无为'的一种新的理解。老子的'无为而治'只是强调了不干涉和不控制，但如何既不干涉、不控制，而又能保证统一和秩序，老子没有提供具体的东西。黄老学引入普遍的'法律'规范，便既为建立秩序提供了可能又使'圣人'可以真正做到'无为'。因为普遍的法律为所有人的言行提供了行动的标准和尺度，人民只要在法律之下活动就可以了。明主、明君没有必要去做什么特别的事，他作为最高的监护人

---

① 陈伯君：《阮籍集校注》，北京：中华书局，1987年版，第170页。

应清静无为。"① 所以，即使是无为政治，也可以是有内在的运作的秩序和规律的。

汉初无为政治是黄老道的政治实践。如果说老子的道家思想仅仅做了简单的叙述和勾勒，那么，黄老道思想则是文景之治的具体运行。王中江说："在黄老学中，'人情'是指人选择和追求自己利益（趋利避害）的自然倾向，即'自为'。君主的'无为'，相应的就是对人民的'自为'之心的遵循。在以黄老学为中心的高度综合性哲学著作《吕氏春秋》和《淮南子》中，'因循'也是基本的政治哲学观念。黄老学强调，君主能够通过法律因循百姓的自然，是因为作为非人格性的最高意志的法律（主要表现为奖励和惩罚），符合趋利避害的人情（或人性）。法律规范既能够使支配者无为，也可以使百姓自然。在黄老学的统治术中，儒家的个人道德、贤人的智慧都变得无关紧要。《庄子·天道》所说与此类似：'故古之王天下者，知虽落天地，不自虑也；辩虽雕万物，不自说也；能虽穷海内，不自为也。天不产而万物化，地不长而万物育，帝王无为而天下功。'如果说黄老学也是'反智'的，那么它反对的是统治者不凭借客观的'法律'

---

① 王中江《道与事物的自然：老子"道法自然"实义考论》，《哲学研究》，2010 年第 8 期，第 37-47 页。

而依赖个人的智慧，而个人的智慧又是非常有限的。"[1] 实际上，黄老道依赖的是遵循自然、人心的本质规律，这种内在的秩序法则，形成了当时的政治机制，唤醒了社会的思想复苏，恢复社会正常生产生活。

古人们在与自然山水打交道的过程中，形成了内在的法则和运作规律。黄老道就是代表性之一。《逸周书》说："且闻禹之禁，春三月山林不登斧斤，以成草木之长；夏三月川泽不入网罟，以成鱼鳖之长。且以并农力执，成男女之功。"[2] 这种朴素的生态观念，与今天的生态文明建设的社会背景已全然不同，但是，其作为一种集团无意识，却深植于人们心中。张浪说："'道法自然'思想尝试从根本上解决人、自然与社会之间的矛盾问题，主张人与万物同出于自然，人类不应该也不能对自然发展进行干涉，也不应该破坏自然的生存法则，人类的一切生活行为与生产行为都要以顺应自然发展为前提，根据万物的自然本性而进行，为中国古代生态环境立法提供了丰富的理论支持与思想支撑，起到十分重要的作用。"[3] 黄

---

[1] 王中江《道与事物的自然：老子"道法自然"实义考论》，《哲学研究》，2010年第8期，第37-47页。

[2] 黄怀信等：《逸周书汇校集注》，上海：上海古籍出版社，2007年版，第406页。

[3] 张浪：《中国古代的生态环境立法窥探》，《法制博览》，2020年第9期，第137-138页。

第三章　重塑审美理想：美丽乡村文化原型

老道教的生存法则就是如此这般。在整个道家思想体系中，从老子到庄子到黄老道，已然是根本的、核心的理念和追求。龚刚说："庄子在其妻子死后鼓盆而歌，受人诟病，他辩护说：'人且偃然寝于巨室，而我嗷嗷然随而哭之，自以为不通乎命，故止也。'这个说法与庄子为他的'无情'说辩护时所主张的'常因自然'相一致。所谓'自然'，具体而言就是有无生灭、四时交替的自然演化过程。庄子认为，如果将人类社会的生离死别与天地自然的四时变化视为一体，就能够超越人世间的七情六欲，从而上达漫随天外云卷云舒的逍遥之境，从这个意义上来说，庄子的'自然'也是一种度量人类的尺度并引领人类向前发展。对于'自然'带给他的启迪，庄子说，'天地有大美而不言，四时有明法而不议，万物有成理而不说。圣人者，原天地之美而达万物之理。是故至人无为，大圣不作，观于天地之谓也'。这就是说，人类应当通过'观于天地'，而去感悟自然世界的'大美'与人类生存所依托的'明法''成理'。换言之，大自然自有其法则、规律。"[1]

中国几千年的农耕生活，是非常讲究自然的本质和规律的。《史记》有载，先王"为田开阡陌"，农业文明

---

[1] 龚刚：《"道法自然"的生命哲学与生活美学》，《人民论坛》，2020年第11期，第66-68页。

开始发展起来。"阡陌交通、鸡犬相闻",宗法社会的美丽乡村,非常讲究的一点就是精耕细作。可以说,世界上没有任何一个民族类似这样,能够在一方土地上精耕细作一辈子。中国人的土地情怀,是任何民族比拟不了的。王曙光说:"中国至少在汉代已经形成了一套精耕细作的农业体系,精耕细作意味着在土壤的肥力保持、农田水利建设、农业科技、农业工具更新各个方面都有了非常大的进步。精耕细作的方法持续两千多年没有什么变化,在汉代就基本定型了。在精耕细作农业形成之后的两千年间,我国各族人民不断创造,根据各地的气候、土壤和地形状况,发明了很多极富智慧的耕作方法。比如浙江青田的'稻鱼'立体生态农业系统,云南元阳和广西龙脊的梯田农业系统,都是闻名世界的农业文化遗产,充分展示出中国人的高度农业智慧。梯田看上去是非常漂亮的,如同绚烂的彩虹一般,简直是一幅极其美丽的彩墨画。这既是一种农业技术,也是一种生存哲学,同时也是中国人的一种美学表达。"[1]至今仍然完整保留下来的云南哈尼族梯田等景观,仍然是中国人的农业智慧结晶和乡村审美的表达。

陶渊明以道法自然的人生论哲学,可谓是无为政治

---

[1] 王曙光:《中国农村:北大"燕京学堂"课堂讲录》,北京:北京大学出版社,2017年版,第9—10页。

的坚定支持者,他主张自然,归于田园。无为政治起始于文景之治,而真正作为一种美好的社会形态,却存在于陶渊明的诗文世界之中。对于陶渊明的时代,宗白华说"这时代以前——汉代——在艺术上过于质朴,在思想上定于一尊,统治于儒教;这时代以后——唐代——在艺术上过于成熟,在思想上又入于儒、佛、道三教的支配。只有这几百年间是精神上的大解放,人格上思想上的大自由。人心里面的美与丑、高贵与残忍、圣洁与恶魔,同样发挥到了极致。"[1] 陶渊明关于自然山水田园的畅想和实践,造就了中国古代的美丽乡村的模样。颜翔林说:"在功能意义上,积极理想追求价值实现和付诸实际行为,它可以转换为整个社会的具体行动,推动社会发展和历史进步,当然也可能导致社会动荡和阶层矛盾的激化。"[2] 在陶渊明的时代,出现了这么一种价值观,绝非偶然,也是民族心理发展的时代必然。

无为政治只是道法自然思想体系的行为准则之一,其作为集体无意识,在政治、社会、经济以及文化上都深刻影响着民族的生活方式,在民族心理上不断积淀、

---

[1] 宗白华:《美学散步》,上海:上海人民出版社,1981年版,第177页。

[2] 颜翔林:《论理想的特性及其与审美理想的逻辑关联》,《社会科学辑刊》,2019年第5期,第45-50页。

深化、演变，形成集体的理想，转化为深刻的实践。颜翔林说，"消极理想与积极理想的差异是，它仅存在于个人和心理深层而不付诸实践行动，因此不具有实践活动和社会普遍性。消极理想的美学特性在于，它往往存在于个人的审美叙事和艺术构造之中，它只是一种诗意性和假定性的审美慰藉而无须求证和托付于客观实践。因此，消极理想更具有美学的意义和艺术的生命力。中国古代的'桃花源'意象既是消极理想的典型符号，也是审美理想的象征品。"[1]

今日的田园综合体建设，在很多地方方兴未艾，依靠商业资本的力量，对田园进行综合管理，融合农产品的生产、加工、销售、生活以及休闲娱乐为一体。这种方式，一定程度上改变了中国广大乡村的贫困、凋敝的局面。实际上，在对人身依附关系更为依赖的两晋时期，庄园经济成为中国古代农村最为普遍的经济形式。豪族大家占田耕作，控制了整个王朝的经济命脉。且不说谢灵运的会稽庄园，还有沈庆之的娄湖庄园，还有孔灵符的永兴庄园，如此庄园经济，在史书中的记载，是非常多的。

近代以来，中国逐步开启了工业化和现代化进程，

---

[1] 颜翔林《论理想的特性及其与审美理想的逻辑关联》，《社会科学辑刊》，2019年第5期，第45-50页。

从 20 世纪 90 年代初期的乡镇企业建设，到 21 世纪的房地产等开发热潮，乡村治理当中的过度开发、过度建设的情况比较明显，环境治理的难度加大。"绿水青山就是金山银山"理念的提出，为美丽乡村建设提供了新的思路。保护好生态环境，合理发挥政府的职能作用，推进绿色化、低碳化高质量发展，是美丽乡村建设的关键。

三、无为政治下的乡村原型

在古代的国家体制中，国之大者，唯祀与戎。戎代表着战争，是争夺和保护资源的话，那么，祀则代表了对于风调雨顺的祈望，是农业社会的最核心诉求。早在汉代，宗法社会重大国家仪式中，就加入了农业上的不少祭祀仪式，从政治符号上，赋予农业生产生活活动以极高的重要性。更重要的是，祭祀活动正是氏族社会的文化遗存，其在宗法社会从来没有消失过。在乡村社会，祭祀活动更是无处不在，其是宗法社会农业活动的灵魂，在某种程度上，影响宗法社会人们的生命观、价值观等。

老庄倡导的无为政治，更像是氏族社会的政治文化。氏族社会给予每个成员以最大尊重，和平、自由地在部落生活着。对远古氏族的怀念和向往，是乡村治理的方向之一。诚然，在国家的治理体系和治理能力先进的时候,有效的干预是有益的。但如果在乡村治理上缺少有效的机制和高效的能力,政令繁苛,则造成更坏的后果,实际上,这是无为政治提出的更深刻的背景。王中江说:"'希言自然',字面上的意思是,'少说话合乎自然'。更进一步看,它的意思是'掌权者少发号施令合乎百姓的自然'。《老子》第五章说:'多言数穷,不如守中。''多言'与'希言'相对。'多言'指政令繁苛,这是老子所反对的。老子甚至还主张圣人'行不言之教'(《老子》第二章)。'希言''不言'是对统治者的要求:统治者少发号施令,百姓才能够更自由地自行其是。"[1] 国家政权是多数利益集团的代表,具有最强势、核心干预力量,任何的社会生产生活行为,都离不开国家行为的干预。宗法社会的乡村,更多需要的是休养生息、自由发展。

实际上,老子不仅是一名史官,也是又重要影响力的政治家。他小国寡民的社会理想是带有强烈批判性质的设想,可以说,是有原始氏族社会的影子。夏绍熙说:"作为史官,老子通晓成败、存亡、祸福、古今之道,对社会状况也有深入的观察和思考,认为人的思想和行为失当是社会失序的主要原因。《道德经》第四十六章说:'祸莫大于不知足,咎莫大于欲得。'当人的欲望没有餍足之

---

[1] 王中江《道与事物的自然:老子"道法自然"实义考论》,《哲学研究》,2010年第8期,第37-47页。

第三章 重塑审美理想：美丽乡村文化原型

时，祸患由此起，错谬由此生。第七十五章说：'民之饥，以其上食税之多，是以饥。民之难治，以其上之有为，是以难治。民之轻死，以其求生之厚，是以轻死。'在上的统治者不体察民生疾苦，不停地勒索；在下的被统治者不断压榨，生存空间越来越小，连肚子都吃不饱，统治者还要肆意妄为，逼得民众只好铤而走险。第七十四章明确地说：'民不畏死，奈何以死惧之！'这种描写说明，整个社会上下失序，险象环生，已处在全面崩溃的边缘。《道德经》书中还有不少篇章论述诸如此类的乱象。如第五十三章：'朝甚除，田甚芜，仓甚虚。服文采，带利剑，厌饮食，财货有余，是为盗夸。非道也哉！'第五十七章：'天下多忌讳，而民弥贫；民多利器，国家滋昏；人多伎巧，奇物滋起；法令滋彰，盗贼多有。'"[1]可以说，老子对于乡村建设是提出自己独立见解的很早的一位政治家，这些观点，有原始回归的倾向，有氏族部落的文化基因。

老子道法自然的思想体系，具有形而上的超越性特点，如果与西方的思想体系比较就会发现，其并没有完全走向宗教的，而是更具有世俗的特征，这与其脱离出来的氏族部落基因有很大关系。一旦具有世俗的特征，就无法脱离政治的影响。陶潜也是从官员到隐居逸士转

---

[1] 夏绍熙:《论老子的"道法自然"及其认知意义》,《东岳论丛》,第10期,第59-65页。

变的，这一点实际上与老子颇有相似之处。陶潜深受老子思想的影响，作为道法自然的践行者，是第一位让道法自然的思想祛除了宗教的仙气，而更具有世俗的气息。陶潜的山水田园建设理想，并非完全的无为政治，而是一种特殊的、有效的政治实践。这种政治实践，是从人心出发，有内在的道德修炼，再到外在的行为实践，从而形成的一套诗意田园的建设和生活方式，就是所谓"结庐在人境""心远地自偏"。所以，韦凤娟说："既有形而上的'谋道''忧道'，又有形而下的'谋食''忧贫'；既有高旷的不染尘俗的襟怀，又有极质朴极淳厚的人情味；既有对世事的执着，又有对人生的通达——这貌似矛盾的两面却和谐地构成了一个入世极深而出世甚远的境界：他心里有许多牵挂羁绊，想得极深，盼得极切——这是他入世极深的一面；他能够从那些牵挂羁绊中解脱出来，从从容容地从荆棘遍生、浊流纵横的人间世走过，神情散淡，气韵飘逸——这是他出世甚远的一面。在人生这出悲喜剧中，陶渊明能'进'能'出'，从容自然，这是很难达到的境界啊！"[①]

知道、闻道、见道的陶潜，通过塑造自己的生活方式，影响着一代代人对山水田园的向往的。夏绍熙说："'道法

---

① 韦凤娟：《论陶渊明的境界及其代表的文化模式》，《文学遗产》，1994年第2期，第22-31页。

自然'作为一种认知方式影响着人的思维和行动,它引导(而不是强制)人们摆脱多欲和不知足的'无道'状态,过'见素抱朴,少私寡欲'(《道德经》第十九章)的'有道'的生活。'有道'的意义即'道'呈现在人的日常生活中,影响着人的言行。"[1]陶渊明的山水田园生活,就是一种有道的生活,在美丽的乡村田园,感受自然的魅惑和诗意。夏绍熙说:"'人法地,地法天,天法道,道法自然'在老子思想中有着十分重要的地位,其重要意义在于为人提供了一种认知方式,塑造着人们看待世界的独特视角,影响着人的思想和行动。'道'引导人们偏向于从动态和整体的角度来看待万事万物,提醒人们关注事物的相互联系及其变化趋势,'自然'是对这种趋势进行的说明。'道法自然'对人的思想和行动的影响在于,'道行之而成',它被看作一种活动,其丰富意义的呈现离不开人的日常生活情境,也离不开人的亲身参与和实践。同时,老子也强调了在实践过程中人们应保持精神的恬淡以及行动的慎重。"[2]从这个角度来理解老子,同样也可以从这个角度理解陶潜。陶潜的道法自然的思想体系,从

---

[1] 夏绍熙:《论老子的"道法自然"及其认知意义》,《东岳论丛》,第10期,第59—65页。

[2] 夏绍熙:《论老子的"道法自然"及其认知意义》,《东岳论丛》,第10期,第59—65页。

个人的人格塑造出发，最终实现了整个民族的集体思想体系的涵养，其并非宗教式的、彼岸世界的超越，而是世俗的、现实世界的深度融合，脱胎于氏族社会，有氏族部落自由、平等、博爱的基因，却又是升级版氏族部落，是高级文明的自由乡村社会。

第二节　桃源深处有人家

对于桃花源，中华民族炎黄子孙无人不知、无人不晓。桃源深处有人家，是最契合中华民族的文化符号或者说文化理想。桃花源代表了中华民族对美好生活的向往，甚至是那一直向往的精神家园。建设美丽乡村，寻根问脉的话，桃花源这个文化原型是最为典型的。

一、桃源与文化符号

宗法社会的美丽乡村，经千年变迁，色彩斑斓，把握其本质特征是有一定难度的。为避免本项研究蹈空凌虚，需要寻找一个最为典型的宗法农村的横截面。"桃花源"这个美丽乡村的横截面，是非常典型的，于中国人精神之中，无人不知、无人不晓。其引人入胜之处，可以窥见东方文明几千年来的宗法文化理想和美学精神。可以说，桃花源是农耕文明中最伟大的诗性理想，是中华民族几千年来人们最浪漫的渴求和情感记忆。陶渊明生活在东晋时代，这是一个大分裂、大动荡的时代。虽然陶渊明的祖父陶侃身世显赫，但陶渊明自己却好似从未融入过上层社会。他在人生最辉煌的时候，辞去了工作，回到浔阳老家过着田园生活，在当地耕读、唱歌、喝酒。陶渊明的诗歌具有强烈的田园色彩，被称为田园诗的开山鼻祖，更重要的是，他用自己的人生践行了文化人的耕读理想，成为后代无数人传唱的集体无意识。

更重要的是，桃花源可说是一种文化符号。其显然不是一个地方性的知识，也不是一个瞬间的历史回眸，而是贯穿始终的中华民族的精神家园，是每个人为之向往的意义世界和理想境界。显然，桃花源今天已经成了一个安定美好乐土的代名词，来自陶渊明叙述的这么一个故事：一个打鱼的渔民偶然之间，来到了一个山间，穿过狭窄的缝隙，豁然开朗，发现了一个鲜花盛开、宁静平和、怡然自足的村落。这里有良田美宅，老人小孩都其乐融融，他们完全不知道外界发生的动乱和战争，只是安静地生活在这么一个世外桃源。最后渔人离开后，再也找不到这个地方了。对于美好社会的想象，这可以说是非常早的一个典型故事了。众所周知，还有乌托邦的想象,以及关于香格里拉的故事,都是一些永恒的、美好的地方,然而,论生动性的话,唯有桃花源的故事最为让人难忘了。

特定的时代有特定的人文符号,而桃源理想成为中华民族恒久的有鲜明特色的符号。在中华文化漫长的历史长河中,很难找到如此璀璨的浪花,以至于至今仍在不停地传唱。桃源深处有人家,这里有必要将陶渊明的《桃花源记》录于此:

晋太元中,武陵人捕鱼为业。缘溪行,忘路之远近。忽逢桃花林,夹岸数百步,中无杂树,芳草鲜美,落英缤纷,渔人甚异之,复前行,欲穷其林。

林尽水源,便得一山。山有小口,仿佛若有光,便舍船,从口入。初极狭,才通人,复行数十步,豁然开朗。土地平旷,屋舍俨然,有良田、美池、桑竹之属。阡陌交通,鸡犬相闻。其中往来种作,男女衣着,悉如外人。黄发垂髫,并怡然自乐。

见渔人,乃大惊,问所从来,具答之。便要还家,为设酒杀鸡作食。村中闻有此人,咸来问讯。自云先世避秦时乱,率妻子邑人来此绝境,不复出焉,遂与外人间隔。问今是何世,乃不知有汉,无论魏晋。此人一一为具言所闻,皆叹惋。余人各复延至其家,皆出酒食。停数日,辞去。此中人语云:"不足为外人道也。"

第三章 重塑审美理想：美丽乡村文化原型

既出，得其船，便扶向路，处处志之。及郡下，诣太守，说如此。太守即遣人随其往，寻向所志，遂迷，不复得路。

南阳刘子骥，高尚士也，闻之，欣然规往。未果，寻病终，后遂无问津者。①

南北朝时期之后，桃花源的故事就已经传唱开来，成为民族文化的符号。人们乐意歌唱这样的理想和故事。如王安石的《桃源行》：

望夷宫中鹿为马，秦人半死长城下。
避时不独商山翁，亦有桃源种桃者。
此来种桃经几春，采花食实枝为薪。
儿孙生长与世隔，虽有父子无君臣。
渔郎漾舟迷远近，花间相见因相问。
世上那知古有秦，山中岂料今为晋。
闻道长安吹战尘，春风回首一沾巾。
重华一去宁复得，天下纷纷经几秦。②

不同于很多只关注于道德宗法建设的清流，王安石

---

① 袁行霈：《陶渊明集笺注》，北京：中华书局，2003年版，第479—480页。

② 李之亮：《王荆公诗注补笺》，成都：巴蜀书社，2000年版，第113页。

是比较实际且关注农业生产的政治改革家。渠红岩说:"王安石《桃源行》表现得更为直接,'避时不独商山翁,亦有桃源种桃者。此来种桃经几春,采花食实枝为薪。儿孙生长与世隔,虽有父子无君臣',立足于北宋的现实,以桃源中'种桃者'的生活环境描写,表达了对社会太平、君主贤明的期望,这其实已经超出了对桃源为避世和隐居之地的向往意义而带有强烈的现实色彩,诗歌虽是沿用陶渊明桃源题材的隐逸主题却能独出心裁。"[1] 实际上,王安石不过是借桃花源,写出自己胸中块垒,"闻道长安吹战尘,春风回首一沾巾。重华一去宁复得,天下纷纷经几秦",这是他对社会历史发展的深刻忧虑,也是希望少些"战尘",不再重现类似秦时战乱。时代发展,社会进步,桃花源在宋人那里也呈现为社会文化的理想。

类似的和陶诗是非常多的,几乎宗法社会历朝历代都有。通过反复吟咏陶潜桃花源等故事,宗法社会知识分子以自己的文化习惯和审美理想,去勾勒了社会理想的美好图景,如政治清明、民风和顺等。桃花源所代表的社会文化符号,在今天仍然可以反复提及,作为美丽乡村的原型,重塑今日的乡村社会文化符号。

---

[1] 渠红岩:《中国古代文学中"桃花源"思想的产生与主题表现》,《阅江学刊》,2010年第2期,第100-106页。

二、桃源与人文理想

桃花源是一种农业社会美好的人文理想，在几千年来都是如此这般的存在。正因为如此，古今不少学者都去考究桃花源到底在什么地方，是如何产生的，又是如何消失的。如陈寅恪《桃花源记旁证》："陶渊明桃花源记寓意之文，亦纪实之文也。"[1]就是从当时的时代背景条件下去考证桃花源。他认为，西晋末年，宗族世家为逃离战乱之苦，又不能迁往他乡，往往只有纠集宗族乡党，"屯聚堡坞，据险自守，以避戎狄寇盗之难"[2]。根据史书记载，当时的聚族而居，往往是凭借天险，又有山泉导引，可以耕种自给的地方。这种考证方法，往往由于缺少实物考古资料的支持，而容易被人忽略。对于绝大多数中国人来说，实际上，桃花源产生的意义，更多是一种人文意象的意义，而非实在的意义，就好比今日乡村旅游建设中，不少地方都出现了桃花源的景点，而究竟谁是陶渊明笔下的桃花源呢，再去争论已无意义。所以，桃花源究竟在哪里，已经不再重要，其代表的人文理想，

---

[1] 陈寅恪:《陈寅恪史学论文选集》，上海：上海古籍出版社，1992年版，第224页。

[2] 陈寅恪:《陈寅恪史学论文选集》，上海：上海古籍出版社，1992年版，第224页。

则更应该彰显。可以说，桃花源不是一个家庭、一个村落，而是一个家国同构的社会理想。桃源深处的人家，是中华民族的大同理想。钱念孙说："家国同构的社会结构、生活方式及心理认知，正是家国情怀萌生滋长的'肥沃土壤'和'适宜气候'。换言之，在家国同构的社会现实母体上，自然且必然地要'涌流'出家国情怀的'乳汁'，正如种瓜得瓜种豆得豆一样。"[①]这是长江、黄河滋养的农业社会的最高理想，是无数国人心中萦绕不去的家国梦。

桃花源所代表的中华民族的精神家园，既有儒家的仁爱大同思想，也有道家的自然无为的精神元素，还有佛教禅宗的觉悟、透彻之道，如此相互补充，构筑了中华民族乐享自然、和谐共生的民族性格。令人称奇的是，桃花源中，融汇了儒道禅等各种思想于其中，却无丝毫痕迹。这就是桃花源所代表的中华农耕文明的人文理想。这可谓对世界文明的贡献，可以说，似乎没有任何一种农耕文明有如此丰富而璀璨的思想精华。

桃花源的人文气质，与西方的乌托邦文化还很不一样。西方的乌托邦理想，更多是基于国家、社会的美好想象，具有空想的浪漫气质，而中华民族的桃花源，则是更为世俗的、现实的美好乐园。这是一种自然与诗意

[①] 钱念孙：《家国情怀溯源》，《光明日报》，2019年10月7日，第07版。

的联结，在美丽的乡村田园中，实现了康德曾经提出的美是"无概念的普遍性"。桃源之美，在于其美具有无可争辩的普遍性和共通性，其代表了最朴实、美好的乡村生活截面。

回首传统文化，宗法社会有一个特别有意思的现象，就是要具备君子人格，则最好是在经济上、物质上保持一种"穷"。道德上的干净和高尚，就意味着财务上的贫困，而财务自由与精神自由是不兼容的。来自孔子最开始设定的君子理想人格，他称赞颜回"一箪食，一瓢饮，在陋巷，人不堪其忧，回也不改其乐"[1]，这是一种安贫乐道、达观自信的态度，这种人生态度影响了中华文明几千年。孔子还说，"不义而富且贵，于我如浮云"[2]，孔子说："君子固穷，小人穷斯滥矣。"[3] "滥"的意思就是不符合礼义。孔子阐明的是古代几千年来坚守的君子精神。义字当先，富贵次之，这是古代士大夫的人格精神。所以，即使是贫穷、落后仍然是一种美好的道德象征，这是非常有意思的人文现象，在任何文化史中都没有过的独特现象。这种人格精神，也在陶渊明的事迹中呈现出来。韦凤娟说："陶渊明由仕而隐的人生经历可以说是中

---

[1] 朱熹：《四书章句集注》，北京：中华书局，1983年版，第87页。
[2] 朱熹：《四书章句集注》，北京：中华书局，1983年版，第97页。
[3] 朱熹：《四书章句集注》，北京：中华书局，1983年版，第161页。

国封建时代绝大多数士大夫人生道路的缩影。他以自己对人生道路的抉择为世人提供了一个重志节、重精神追求的典范，他以自己独特的思想个性及行为经营出一片心灵天地，这是一个经历矛盾冲突之后而达到宁静和谐的境界，是一个清贫寂寞而又充满精神乐趣的境界，是一个真正遗落了荣利、忘怀得失的境界，给后世官场失意的人们以深刻的启迪及无限的慰藉。"①

宗法社会的君子人格精神，很少会关心产业发展问题的，温饱就够了，从未想过共同富裕的重大问题。他们关心道德上的或说社会秩序上的和谐、安宁，或者说更侧重于后一方面。蔡先金说："穷，有物质贫困与精神贫困之分，有绝对贫困与相对贫困之别，有时运不济与智力不济之说。孔子'固穷'主要是指向对于所谓'穷'的态度，强调对于物质需求的有限度，同时鼓励以精神的富足去弥补物质上的缺失，即面对物资匮乏的绝对贫困时，应该能够做到泰然处之；当处于相对贫穷的时候，应该能够做到淡然面对，'穷达以时，德行一也'。当穷则穷，而且在过度消费的情形下更应该回归自然化生活的所谓相对'穷'的状态。"② "即君子应该以正确的积极

---

① 韦凤娟:《论陶渊明的境界及其代表的文化模式》,《文学遗产》,1994年第2期, 第22-31页。

② 蔡先金:《孔子"君子固穷"观要解》,《孔子研究》,2015年第1期, 第42-50页。

的态度对待自己的贫穷处境，甚至以贫穷的方式去批判'不义而富且贵'，无论是处于相对贫穷还是绝对贫穷的情况下都能够见出君子之风。"[1] 乡村人格精神，需要提倡淳朴民风，当然，贫穷绝不应是美丽乡村的标签。

桃源中人不以穷为标签，而是温饱富足的，其代表的文化理想，是绝大多数中国传统知识分子追寻的民族理想。

三、桃源与人文觉醒

桃源中人是真正自由的人，代表着封建社会时期人们的觉醒，因为其是对人的根本性尊重，是真正体现美好社会本质的人的存在性。马克思批判乌托邦的思想，构建科学社会主义来探索人类社会发展规律，可以归因于他的思辨性和对现实生活的准确判断。马克思提出人的本质力量对象化实践理论，以人的本质力量包括劳动实现自我的自由。桃花源的诗歌，当然不能与经典的思辨理论进行比较，但却非常形象生动地体现了人的本质力量，体现了中华民族的劳动人民对于美好生活的向往。为了论述的方便，这里笼统用了人的概念，实际上，在

---

[1] 蔡先金：《孔子"君子固穷"观要解》，《孔子研究》，2015年第1期，第42—50页。

漫长的历史长河中，有很多复杂的情况，这里有两个方面的问题需要做下澄清。

第一，关于物质生产环境与审美阶层性的问题。今日的山水田园的确能够随处感受到桃花源的美，但是，在古代山水田园真的是那么美丽而悠闲吗？实际上，在中国农耕史上，对于绝大多数老百姓来说，农业生活绝非如桃花源那般悠闲而浪漫的。在他们的记忆中，农业是充满艰辛和苦涩的行业。陶渊明笔下的美丽乡村，不过是久远而美丽的畅想。广大的农民对于自身的境遇、工作的条件还是有很高要求的，物质条件的匮乏，导致对于物质方面的需求，更为强烈。而精神层面的享受，排在了次要位置。桃花源美好生活的想象，主要还是具有较高社会地位和收入来源的士大夫阶层，并非真正的普罗大众。宗法社会美丽乡村实际上天然存在着一种悖论，一方面是享有特权的地主士大夫家族畅想着美丽乡村，另一方面是普通的劳动人民，以最质朴的劳动力，从事着最艰苦的物质生产活动。普罗大众仅仅是为了温饱而生产，美丽乡村也仅仅存在于文人的笔下。这种历史错位，是造成古代生产落后的重要原因之一。

当然，不得不承认这么一个事实，在漫长的农耕文明时代，大量的文人士大夫掌握政治权力，从事着社会秩序的管理和教化方面的工作，或者说，他们从事文化、艺术方面的工作，远多于从事实际的物质生产活动的管理。士大夫们的审美能力很强，对于社会文化和秩序都有自己非常深厚的思考，但是，对于物质生产的效率和效果，却不甚在乎。所以，中国的农耕技术一直落后，工业化时代一直没有到来，直到近代受尽欺辱。中国是农耕社会，有人说，落后的农业生产，一切皆归之于自然，让草木、土地自然地生长，让生命自由地怒放，反而可能造就了一种生态美，当然，这种说法不一定正确，经过工业化、现代化改造后的农村，仍然可以变得非常的美丽。

关键还是人的本质力量，如何在大地上耕耘。张嘉如说："汉字'閒'字是由'門'与'月'构成的会意复合字，'門'代表家庭，'月'象征夜晚，'閒'即'夜晚清静地待在家里'，閒逸被认为是一种更高的精神或心灵状态。而'忙'与'閒'与字相反，'忙'字中含有'心'的词根，其语音特征意味着丢失与死去的'亡'，人的生活如果过于'繁忙''匆忙''忙碌''忙乱'，绝非良好的生存状态。过于忙碌的大脑，腾不出足够的思维空间，只会陷入习俗的循环中；清静的、空灵的大脑一旦活跃起来才能迸发出生态文明所需要的创新想法。如若进一步推论，不仅人类如此，地球也是如此，正如人类生活需要休养生息一样，土地也需要休养生息，某些生态灾难不妨视为大自然的'怠工',倒逼人类'休假',暂停忙乱的步伐。"①所以,桃花源的人们实际上是一种闲的状态,这就是美好生活的状态。今日的美丽乡村与过去完全不一样,审美阶层性问题完全弱化,物质生产技术极大提升,真正类似桃花源的美丽乡村也指日可待。

第二,关于农耕文明与人文精神的觉醒。野蛮、荒芜绝不是文明的代名词,美丽的乡村有了人的灵气之后,才能走向真正的文明。在贫困落后的古典时代,经济、政治、社会、文化都非常落后,虽然山清水秀,风景秀美,但是,这对于绝大多数普通平民而言,这个时代的人文精神是缺位的,只有少数的士人知识分子,对于美丽乡村有自己独特的美好感受,体现了人文精神的觉醒,就如陶渊明在呼喊"田园将芜胡不归"。韦凤娟说:"陶渊明既有着庄子式的超脱,同时又对孔子'乐亦在其中'的哲理别有心得。在他那里,庄子的逍遥自适和孔子的现世精神水乳交融,完美地结合在一起,结晶为一种崭新的富于东方色彩的人生哲理、一种介乎二者之间而又兼备二者特质的生活模式。"②农耕文明的人文精神,既是充

---

① 张嘉如:《建设后工业化时代的香格里拉——鲁枢元的生态批评与陶渊明的桃花源精神》,《当代文坛》,2021年第1期,第180-186页。

② 韦凤娟:《论陶渊明的境界及其代表的文化模式》,《文学遗产》,1994年第2期,第22-31页。

第三章 重塑审美理想：美丽乡村文化原型

满冲突的内在理路，又是必须融合的非常重要的文化符号，甚至是中华文化最美好的记忆。陶渊明等为代表的那一代士人阶层，创造了这样的文化符号。李锦全说："陶潜是个田园诗人，所写的诗歌自然有它闲适的一面，但生活的重担使他对物质世界不能不抱着现实态度。他称赞'舜既躬耕，禹亦稼穑'；'冀缺携俪，沮溺结耦，相彼贤达，犹勤陇亩。'认识到'人生归有道，衣食固其端'，'田家岂不苦，弗获辞此难。四体诚乃疲，庶无异患干。'物质生活是任何人所必需的，而参加过生产劳动的人对此更有体会。所以陶潜才说：'衣食当须纪，力耕不吾欺。'又说：'贫居依稼穑，勠力东林隈，不言春作苦，常恐负所怀'；'饥者欢初饱，束带候鸣鸡'。'遥谢荷蓧翁，聊得从君栖。'他由于生活贫困，为要解决衣食问题，只有不怕艰苦从事农业耕作。他要像古代荷蓧丈人那样归隐田园。'秉耒欢时务，解颜劝农人'；'长吟掩柴门，聊为陇亩民。'自己也就成为靠土地耕作的民了。"①类似陶渊明这样的农民生涯，实在是几千年来农耕文明中的最灿烂的。

诚然，农业生产活动是非常艰辛的，很容易陷入苦力的泥沼中，失去了思考的能力，更谈不上美好的精神

---

① 李锦全：《陶潜评传》，南京：南京大学出版社，1998年版，第151—152页。

享受。在漫长的封建时代，广大普通劳动群众，更是陷于基本的温饱需求的挣扎之中。直到现在，农业现代化逐步在实现，部分地区的乡村生活，不再是以生产粮食作为主要职能，产业发展多样化以及农民的双手空闲出来之后，人文精神的一些元素可以陆续涌现。在那个时代，桃花源真的是一个审美理想。

时至今日，桃花源似乎在很多景点、很多地方都可以在物理意义上见到了。但是，今天人们还是会向往、会企盼桃花源，那是为什么呢？诚然，打造一个物理意义上的桃花源，以今日的审美和经济技术手段，是完全可以办到的。而更重要的是，桃花源所传递出来的那种安静、祥和、淳朴的文化气质，那种凝聚着中国传统文化精神的美学意味，可以说是无法模仿的，是可味不可言的。

第三节　重塑乡村审美理想

今日的乡村，重塑审美理想是完全可行的。宗法社会的乡村建设，更侧重于精神上的控制，对于整体人的自由发展、乡村生命体的全面进步，是不可能完成的任务。但是，今日教科书以及无处不在的传统文化精神，其中凝聚着的桃花源精神，却重新书写了美丽乡村的人文理想。桃花源成为几千年来中华文明的美丽符号，可以是重塑今日乡村审美理想的重要坐标系。以桃花源为对照性参考，从乡村人格理想到社会文化理想，最终形成开放性、包容性的"美美与共"的乡村理想，是重塑乡村审美理想的必由之路。

一、重塑乡村人格理想

乡风文明是摆脱审美贫困的重要建设内容之一。乡村人的人格理想，某种程度上代表了乡村生命体的人格气质，生气勃勃，是乡村精神文明建设的关键点之一。如桃花源，乡村如果是清明、娴静的，则乡村人肯定是淳朴、和谐的。桃花源中人，朴实、简单而自由，其代表的人格理想，也是乡村人格理想。但在宗法社会，人格理想似乎简单地呈现出两极分化的性质和趋势，要么是两袖清风的君子，要么是贪财好利的小人。士大夫阶层的人格理想，是"贫贱不能移"的君子精神。这种人格理想，曾经作为优秀传统文化遗产，对于今日文明乡风建设，以及民风民俗的引领，是值得反思的。

当然，乡风文明建设是美丽乡村建设重要内容之一。东晋末，有一种非常显著的文化现象，就是大量的仕宦贤达，隐居山野乡村，参与乡村的文化建设中来，他们作诗赋、建楼阁，一定程度上对乡村建设起到了推动作用。社会时代来到了一个特殊的时期，也就是出现了政治与闲居的分歧。这种文化现象，已经被史家所注意到。《宋书》中专门出现了"隐逸传"，将大量的隐逸之士列入传中。唯有社会上出现了大量的隐居文化，才会有这样专门的记载。这是一个非常重要的文化现象，王朝改代，就耻身仕宦、屈身异代，争取所谓"靖节"的名声。这是一个非常重视名品的时代。除了出身豪门望族有显赫的名声之外，还有很多其他方式来塑造自己的名声，弃官归隐就是其中一种方式。整个社会都在推崇名节，有了名节之后，就有了各种人生选择的余地，更能获得普遍的支持和认可。所以，一旦士大夫不肯做官，就归隐山林田园，博取一个好名节。这批文化人走向乡村，的确对乡村理想有塑造之功，但其作为特定阶层，并非真正融入乡村，且成为乡村人，其人格理想代表的是士大夫的人格理想。但无论如何，其成为宗法社会的典型人格理想。

相对而言，陶潜是更贴近山水田园乡村人，其安贫乐道、质朴真实的人格理想，更贴近于乡村人格理想，他《自祭文》算是对自己人生的总结，这样写道："岁惟丁卯，律中无射。天寒夜长，风气萧索，鸿雁于征，草木黄落。陶子将辞逆旅之馆，永归于本宅。……人生实难，死如之何？呜呼哀哉！"① 在《自祭文》中，陶潜自述了自己贫困一生，即使如此，仍不忘初心，乐天从命，跟随自己的本性，在劳作中寻找闲适，悠然地度过一生。这样的清新、高洁的人格精神，写出《桃花源记》，也是必然的。

宗法社会时代的乡村人格理想，是特殊文化背景下的文化追求。而今，社会历史背景已经发生了翻天覆地的变化，人生追求和价值观也发生根本性转移，但中华民族根子上的勤奋、克己和高尚的人格追求，仍然时时刻刻影响着每个人。君子人格的信仰和追求，也焕发出新的时代荣光。美丽乡村建设需要有君子精神，也就是不贪图小利、着眼发展大局、团结乡亲的新时代的君子精神。当下乡村中人，如果皆有君子精神，以宽容、仁义之心，团结、奋进的精神，辅之以恰当的经济支持，必然能够建设起人人向往的美丽乡村。

乡村绝不应该是贫穷的代言，乡村人应拥有自己的人格理想。正如桃源中人，通过辛勤劳作、努力发展产业，实现共同富裕的美好生活。乡村真正的发展，会依靠贤达、士绅等，勤俭、朴实，则是需要发扬的，但如果乡

---

① 袁行霈：《陶渊明集笺注》，北京：中华书局，2003年版，第555—556页。

村精英仍是箪食瓢饮、君子固穷，则无法带领乡村人自由、全面发展的。重塑乡村人格精神理想，不仅要发扬品德高洁、民风淳朴的精神，更重要的是，还要通过科学发展以及符合规律的产业发展以实现共同富裕的精神，恰似桃花源，所有乡村人一起进步，实现自由发展，摆脱审美贫困。重塑乡村人格精神理想，不仅是精神自由层面的，还是物质发展层面的，更是个人的自由全面发展的重大命题。

重塑乡村的人格理想，实际上是赋予乡村以人格的生气，以不断成长、生气勃发的成长状态，来呈现独有的乡村美学。老年的闰土代表的仅是宗法社会的乡村人格，而乡村真正的人格理想应该是少年闰土般的，充满了生命的气息和希望。草长莺飞、桃李缤纷的乡村，让人感到生的活力和希望。宗法社会制度某种程度上在抑制这种希望，缺乏科学精神，尤其是对产业发展的不重视，推崇宗法道德至上，让其变得死气沉沉、昏天暗地。实际上，乡村完全蕴含着生的希望和可能，以广袤而充满希望的田野，孕育着一切生命的可能。重塑乡村人格理想，也就是站在踏实、稳重的土地上，重新塑造新的乡村气息。如古代君子一般，乡村发展有自己的规律和道路，有独立自由的发展路径，有自己的坚守和未来无限可能。

二、重塑乡村文化理想

宗法社会内圣外王的思想，是精英分子的人生理想。他们对自己有很高的道德要求，追求高尚的人格精神，同时希望能够积极服务于国家、社会和普罗大众，能够对天下大同有所贡献。宗法社会更多是家国一体情怀的呈现，根底是在乡村家园建设。在山水田园之间，宗法社会的精英分子抛洒了太多的个人情感和志向，寄托了太多的家国理想。陶潜也是如此，他以桃花源的故事，来呈现自己家国理想，得到普遍认同。

宗法社会济天下的社会理想深入骨髓。这是一种中华儿女根深蒂固的集体无意识：家国情怀。这种特殊的、普遍的、恒久的情怀，是几千年来形成的。钱念孙《家国情怀溯源》说:"萌生于商周时期的家国情怀，建立在人的自然情感基础之上，从父慈子孝、兄友弟恭等到心怀天下、报效国家，把以血缘关系为纽带的天然亲情推己及人并由家及国，拓展和上升为关心社会、积极济世的责任意识和伦理要求，有力促进了个人、家庭与社会、国家的良性互动。作为中华优秀传统文化的重要精华部分，家国情怀高扬对家庭和国家共同体的认同关心、维护热爱、奉献担当精神，数千年来如春雨润物，浸润和滋养中华儿女的情感与心灵，激励无数仁人志士创造可歌可泣的丰功伟业，对中国人的文化心理和民族精神产生了巨大而深刻的影响。"[1]可以说，这种情怀，在桃花源中，也是以最淳朴、真实而形象的方式，呈现出来了。桃花源的社会文化理想，在唐宋以后，通过口耳相传以及诗词际会，不断演绎，也是在抒写家国的情怀。

宗法社会官宦仕途也不可能永远一帆风顺。儒家的达济天下的思想占主导，一旦仕途遇挫，则退守山野乡村，于是，山水田园是寻找身心平衡的重要支点，诸如退避江湖、家国情怀之类，往往多见诸笔端。

如刘禹锡《桃源行》：

渔舟何招招，浮在武陵水。
拖纶掷饵信流去，误入桃源行数里。
清源寻尽花绵绵，踏花觅径至洞前。
洞门苍黑烟雾生，暗行数步逢虚明。
俗人毛骨惊仙子，争来致词何至此。
须臾皆破冰雪颜，笑言委曲问人间。
因嗟隐身来种玉，不知人世如风烛。
筵羞石髓劝客餐，灯爇松脂留客宿。
鸡声犬声遥相闻，晓色葱茏开五云。

---

[1] 钱念孙:《家国情怀溯源》,《光明日报》,2019年10月7日,第07版。

渔人振衣起出户,满庭无路花纷纷。
翻然恐失乡县处,一息不肯桃源住。
桃花满溪水似镜,尘心如垢洗不去。
仙家一出寻无踪,至今流水山重重。①

刘禹锡写的桃花源另有一番味道,但其中的家国情怀也是很明显的,"不知人世如风烛",写的正是人世间的苦难,表达深深的忧患意识。郑文惠说:"陶渊明之后,历代文人对精神原乡的生命追寻及理想邦国的文化隐喻,多借由桃花源主题的异化与深化,互文、转喻成一组组文学与视觉的共生符码,建构出一套套桃花源文学/图像/影像的表述体系。桃花源既成为中国文人社群表显现实生活与理想世界悖逆相反、交融化合的一种言说形式与象征符码,也是文人凸显'应然生命'之'人生图像''应然世界'之'文化图像'的一种话语体式与理想视域,乃至从中逼显出迎向生命、抗斥现实,批判社会、解构政治等涉及严肃的生命课题与文化认同等议题。大抵桃花源是人对理想乐园的一种文化想象,不同的人、不同世代均存在着不同指涉意义的桃花源,只要世俗人生、现实世界有所匮缺、崩裂,人便会依循此一匮缺、崩裂,

---

① 瞿蜕园:《刘禹锡集笺证》,上海:上海古籍出版社,1989年版,第819页。

召唤、构筑出一个兼具弥补作用与想象维度、参照体系与批判精神的桃花源乌托邦的乐园空间。"[1]

今日的美丽乡村建设，也需要无数贤能人士的家国情怀。中华民族几千年来，家国情怀在每个人心中已经形成了集体无意识。很多乡村建设非常不错的地方，往往是有不少乡贤以对民族、国家以及乡土强烈的感情，积极带领广大乡亲建设美丽乡村，推动共同富裕。这实际上是无数乡贤的文化理想，是根植于内心深处的企盼，也是转化为行动的内在驱动力。以家国情怀的文化理想推动美丽乡村建设，其必定百花齐放。可以说，建设美丽乡村，就是中华民族几千年来的文化理想。

中华文化的起源来自乡村，重塑乡村的文化理想，也就是在继承优秀传统文化的基础上，发展新时代中国特色社会主义文化。建设美丽乡村，也是无数实干家的文化理想。这种新的文化理想，是可以让后人可言、可写的文化体系，是真正符合人的自由全面发展的文化体系。陶渊明在家国天下与自我适意之间自由穿梭，而乡村文化所呈现出来也应该有这样的包容度。当下乡村缺少的正是文化人，而文化人也更倾向于乡村。一旦乡村的基础设施配套建设完善后，也能够吸引更多的文化人

---

[1] 郑文惠:《乐园想象与文化认同——桃花源及其接受史》,《东吴学术》, 2012年第6期, 第19-31页。

扎根于乡村。乡村文化建设，不是简单的几句标语，而是真正的乡村文化体系建设。

三、重塑"美美与共"乡村理想

不同时代、不同群体、不同民族有不同的审美。任何民族的审美，非经历几十年的积淀，不能凸显出其美之所美。曾经引领世界工业革命浪潮的大英帝国，其美之所在，并非繁荣拥挤的大工业城市，而是沉淀着浓厚英伦文化的乡村。其他发达国家如德国、日本等乡村同样富有地域特色，如此之例，不胜枚举。乡村之美，各有其美，而岁月的沉淀、时光的浸染以及文化的熏陶，才会真正塑造出难以磨灭的美的印记。我国乡村之美，当然更会因其特殊的历史记忆、文化积淀，重新焕发出美的辉光。

桃花源作为美丽乡村的文化原型，并不是说其代表了所有美丽乡村的模样，而是其作为最根本的民族意识，可以在开放、包容、发展的文化体系中，不断丰富和完善审美理想。各美其美，美美与共，不论是几千年历史长河中的美丽乡村，还是中西文化差异下的美丽乡村，都可以根本文化原型为基础，不断丰富和发展乡村的审美范式。

桃花源作为中华民族的乡村文化原型，其不仅是中国人的精神家园，也是最美乡村基本的轮廓和构图。然而，时代总在发展，过去的简单自然经济下的农业生产活动，要很快被集约化、机械化的精耕细作所取代。乡村的模样，也不可能一成不变，也会随着社会时代变化而变化。尤其是农业生产方式发生变化后，乡村肯定会发生翻天覆地的变化。桃花源里面有科学的、生态的农业活动，但也没有机械化、智能化的生产，而新型的、科学的生产方式进入乡村是时代必然。所以，以桃花源为乡村文化原型，并非反科学、反智的，而是以之为乡村的初心，在时代智能和科技发展中，不断丰富和完善。用新的科学方法和技术，改造乡村，走出原始的、宗法的束缚，以实现更高质量的发展。

中国幅员辽阔，乡村各美其美，绝非是统一的模板，更不是都要模仿桃花源的样子，而取其精气神足矣。由于地理环境、气候温度以及乡村不同的资源禀赋，让乡村的模样以及内在气质不可能完全一致。有海边渔村，也有山间桃源，有大漠孤村，也有草原村落。以桃花源为文化原型，主要是就传统农耕社会而言的。桃花源的富足、静谧和淳朴，也可以说是所有类型乡村的精神原型，而不同类型的江村、渔村、草原村落，也是各美其美，美美与共。今日乡村建设，很容易陷入类似城市建设那样的固定模式，以一个模样，印出所有的影子。乡村建设更不同于城市，必须考虑其差异化，在各美其美的乡村理想下，以美好的乡愁情结，创造类似桃源中人的美好生活。

当下，中西融合、国际贸易加快，全球化趋势不可避免。个别村落的异域风情，符合当地历史文化或民族习惯，是其独特处。而如果是拙劣模仿国外的村落建设风格，则是不符合民族审美理想的。类似桃花源村这样的审美理想，是民族的，也是世界的。中华农耕文明独特的乡村审美风格，也会在世界上有其重要影响力。全世界的大城市、大都会，可以千篇一律、毫无特色，而各个民族的乡村，却可以是自己的、唯一的。

重塑乡村理想，也就是重新塑造新的美丽乡村可能，其既有类似桃花源这样的民族根性，也有新的时代内容和文化情结。尤其是智能化、信息化时代下的乡村建设，具有其他任何时代都无法比拟的重建可能性。重建不是彻底的推翻，而是在继承优秀文化传统基础上的重建，是以民族本根为基础的再建。再建美丽乡村需要有审美理想，以审美理想作为方位和路标，总胜过盲目模仿。中华民族是爱美的民族，是具有审美文化传统的民族，其审美理想更是具有强大的地缘性、民族性特征。更会随着时光的流转，成为民族美的辉光之一。

第四章

摆脱审美贫困:
乡村建设的人学机缘

中国人有自己独特的信仰和追求。基于天人合一的思维模式和文化习惯，与先天预设主客二分的西方哲学不一样，中国人更关心其自身的生存状态和道德秩序模式。于是，天下大同，是古代士大夫最重要的家国信仰和追求之一。这是他们脱离个人实际生活需求和奢望趣味，达到天下皆同的精神境界。当然，这也是古代儒家士大夫以知识精英价值认同而形成的思想境界。宗法乡村属于原始的自然经济形态，生产力水平低下，生产资料欠缺，广大的老百姓都徘徊在温饱线之下。与西方文化不同，古代士大夫更注重道德精神层面的建设，而对于经济事务不甚着意，其实际上是关注精神层面的生存状态，而不是物质层面的生存状态。物质的贫困，会导致精神的、审美的贫困吗？其是一体的吗？这是几千年来作为农业社会的幸与不幸。幸其稳定的社会秩序结构，铸就了辉煌的人学精神文化；不幸其万古如一的落后生产体系，导致近代生产力迅速发展过程中的必然衰败。封建士大夫在这个历史进程中起到核心支撑作用，其在庙堂与江湖之间的逡巡徘徊，体现着宗法乡村社会的文化脉络。对历史脉络的梳理，是为了寻找真正摆脱贫困的底层逻辑。唯有真正在政治、经济、文化上的人人平等，才能摆脱审美贫困，而宗法乡村社会文化特征，则又为当下美丽乡村建设贡献了重要的人学传统和底层文化逻辑。美丽乡村建设，依靠的最重要的要素之一，就是人，就是以人的精神根据为基础的审美素养和能力。

第四章 摆脱审美贫困：乡村建设的人学机缘

第一节 守望与传承乡土情怀

一、千年守望乡土的情怀

考察宗法乡村社会审美变迁史，由于经济水平的落后，社会生产水平有限，真正留下的乡村审美镜像，也没有多少。考察乡村审美"镜像"，只有从历史文献中去搜觅和想象，以考察其真实的贫困状况。能够留下历史文献的，往往是历史上的重要人物，或只能从封建士大夫的历史文献中去考察。他们眼中的乡村，自然别具一格。如苏轼《惠崇春江晚景》："竹外桃花三两枝，春江水暖鸭先知。蒌蒿满地芦芽短，正是河豚欲上时。"[①] 显然，类似这样的乡村图景，都是文人眼中修饰过后的场景。美丽乡村存于文学画面中，对于历史田野考察，算不上严谨的文献材料。但即使如此，其作为宗法社会特殊的审美现象也是值得关注的，还如马致远《寿阳曲·山市晴岚》："花村外，草店西，晚霞明雨收天霁。四围山，

---

① 刘乃昌:《苏轼选集》，济南:齐鲁书社，2005年版，第101页。

一竿残照里，锦屏风又添铺翠。"①这就是文人眼中的山水田园镜像，在不同的时代、不同的心境下，中国古代乡村呈现出来的"镜像"，可说是文化上的"镜像"。

审美文化的形成来自从物质生产到精神塑造的全过程。宗法乡村审美文化镜像，仍然是研究的重点。更何况宗法乡村审美文化有其非常特别之处。古代几乎所有的知识精英都参与了乡村审美文化的建设。古代知识精英有其非常丰富的知识体系和价值体系，能够脱离开纯粹的物质生产，逡巡于审美精神世界，真正关注人的生存和发展状态。马克思说："吃、喝、性行为，等等，固然也是真正的人的机能。但是，如果使这些机能脱离了人的其他活动，并使它们成为最后的和唯一的终极目的，那么，在这种抽象中，它们就是动物的机能。"②中华民族悠久历史文化的伟大之处，就在于无数仁人志士能够脱离个人的自利趣味，而追求天下大同、美美与共的形上境界，这是民族情怀中最值得保藏处，也是审美的武库。

《周易·系辞传》："易无思也，无为也，寂然不动，

---

① 傅丽英:《马致远全集校注》，北京:语文出版社，2002年版，第215页。

② [德]卡尔·马克思，[德]弗里德里希·恩格斯:《马克思恩格斯全集》，第42卷，北京:人民出版社，1979年版，第94页。

第四章 摆脱审美贫困：乡村建设的人学机缘

感而遂通天下之故，非天下之至神，其孰能与于此？"①《咸·彖》："天地感而万物化生，圣人感人心而天下和平。观其所感，而天地万物之情可见矣。"②自然万物，荣衰更替，更是与人的情绪、情感甚至人生结合在一起，感同身受，暗合天人合一的思想体系。顺天所赐，又自力更生，既与天合一，又敢作敢为，古代的乡村文化审美镜像以及天人共生审美关系，有非常多的人学内涵值得去挖掘。

守望美丽乡土，关注知识分子精神层面的生存状态，可说是自宗法社会以来的民族无意识，是无数士大夫的精神守望。对乡村生活，无数的文人志士记录之下，其中苦乐自知的情怀，呈现的风情各异、千姿百态乡村生活，形成悠长而灿烂的乡村画卷。这幅历史长卷，是民族的乡村史诗，记录了古代乡村的变迁，具有重要的审美价值。抒情言志谓之诗。诗是艺术产品之一，在古代是最重要的艺术产品之一。今天仍然记入教科书中，被无数人传唱。诗歌不仅具有抒发情感蕴藉、娱乐大众的功能，还有记录时代历史和苦难的作用，这就是诗史的功能。从《诗经》里面的"硕鼠硕鼠，无食我黍"③，到杜

---

① 孔颖达：《周易正义》，北京：九州出版社，2010年版，第382页。
② 孔颖达：《周易正义》，北京：九州出版社，2010年版，第190页。
③ 高亨：《诗经今注》，上海：上海古籍出版社，1980年版，第148页。

甫《岁宴行》中"去年米贵阙军食,今年米贱太伤农"①,无数的诗词书写,写出了各个时代的乡村的劫难和民众的悲苦。还如,白居易、元稹等人推动起来的"新乐府诗"运动,抨击黑暗的社会制度,揭露现实的弊病,对于农民的深切同情,比较平等的热情关怀,也是对于农村的发展是积极有益的。考察古代的乡村社会,以及中华民族的集体审美精神,其中重要的文献资料,来自大量的田园诗。诗歌作为宗法社会最典型的艺术形式,直接记录和呈现了故人的美丽乡村情怀,也呈现了民族特殊的精神状态图景。

一方面,不少山水田园诗歌记录了时代的苦难,百姓的不易,为美丽乡村建设的经济方面考虑,提供了重要的历史鉴戒。宋人范成大的《冬舂行》说:"腊中储蓄百事利,第一先舂年计米;群呼步碓满门庭,运杵成风雷动地;筛匀箕健无粞糠,百斛只费三日忙;齐头圆洁箭子长,隔箩耀日雪生光;土仓瓦盦分盖藏,不蠹不腐常新香;去年薄收饭不足,今年顿顿炊白玉;春耕有种夏有粮,接到明年秋刈熟;邻叟来观还叹嗟,贫人一饱不可赊;官租私债纷如麻,有米冬春能几家。"②舂米等

---

① 仇兆鳌:《杜诗详注》,北京:中华书局,1999年版,第1943页。
② 范成大:《范石湖集》,上海:上海古籍出版社,1981年版,第410页。

第四章　摆脱审美贫困：乡村建设的人学机缘

农家活动，在今日已经没有了，但是，其中的情感和时代的印记，却又让人似曾相识。显然，这是艺术化、审美化的田家生活，时代的苦难仍然让人惊心。周锡䪗谈范成大这首诗时说："单使这一类题材得到开拓，而且无论就反映农村生活的广度和深度看，还是就观察的细腻、选材的精到、构思的新巧、表现的熨帖传神诸方面看，都达到了同类作品的高峰。以后，虽然有若干诗人的若干作品，可能在这一点或那一点上，对田园生活的描绘会继续有所展拓，但总的来看，可以说在整个封建时代中，没有人再能超越范成大所取得的成就。"[①] 更重要的是诗歌呈现的时代内容，是最重要的民族记忆，存于民族发展和建设的重要档案中。

　　诗史的时代记录价值就体现于此。清代诗人钱澄之的《催完粮》："催完粮，催完粮，莫遣催粮吏下乡。吏下乡，何太急，官家刑法禁不得。新来官长亦爱民，那信民家如此贫！朝廷考课催科重，乡里小民肌肤痛。官久渐觉民命轻，耳熟宁闻号冤声？新增有名官有限，儿女卖成早上县。君不见村南大姓吏催粮，夜深公然上妇

[①] 周锡䪗：《中国田园诗之研究》，《中山大学学报》，1991年第3期，第128—136页。

床。"① 吴嘉纪《税完》："输尽瓮中麦，税完不受责。肌肤保一朝，肠腹苦三夕。"② 乡贤士绅的忧患意识和同情心，写下的这些诗歌，记录了一个时代的苦难。今日之中国乡村，早已摆脱贫困，人民安居乐业，悠然自足。建设马克思主义指导下的中国特色美丽乡村，则必须体现公平、正义、宜居等新时代内涵，反差中呈现出中华民族的伟大韧性。

另一方面，当下建设美丽乡村，摆脱精神上、审美上贫困，需要梳理中华山水田园审美文化，去中国乡村审美的民族志中寻根问脉，以源远流长的文化精神，塑造乡村精神的新气魄、真灵魂。宗法社会不少知识分子笔下的美丽乡村，至今是让人神往的。东汉张衡《归田赋》写了春天田野的风光，"于是仲春令月，时和气清。原隰郁茂，百草滋荣，王雎鼓翼，鸧鹒哀鸣，交颈颉颃，关关嘤嘤，于焉逍遥，聊以娱情。"③ 自然风光如此之美，呈现于汉赋之中，文人的自然景色艺术品鉴已然开始。这

---

① 戚世隽等:《明清文学史》，广州：中山大学出版社，1999年版，第171页。

② 周啸天:《中国绝句诗史》，成都：四川人民出版社，2019年版，第499页。

③ 张震泽《张衡诗文集校注》，上海：上海古籍出版社，1986年版，第243页。

是一种持续发展的审美能力和审美文化，直到陶渊明时期，桃花源的出现，可谓真正成熟。中华美学精神来自中华民族在几千年来凝聚而成的审美精神，来自普通民众的集体创造，更是士大夫知识精英们的集体智慧留存。几千年来大量的山水田园诗歌，绘就了一幅幅美丽的中华山水田园画。这些画面，可为今日的乡村建设，提供有价值的思考。

自古以来，中国人精神里面都流淌着乡土情怀，乡土情怀也涵养着中华民族的精气神。民族总是要进步和发展的，乡土并不意味着保守和落后，相反，乡土情怀能够让民族发展和复兴。因为乡土中国蕴含着巨大的生命力量，能够哺育无数仁人志士，为民族复兴而奋斗。乡村情怀何尝不是民族情怀？不忘初心，也就是不忘站在那坚实的大地和乡土上。当下美丽乡村建设，需要的就是人的乡土情怀，作为真正的内驱力，驱使人们去奋斗、创造。

二、乡村审美的阶层流动

古代士大夫最原始的精神动机被简单化为进与退之间。进退之间，彰显精神境界。唐代士大夫白居易《与元九书》中说:"仆志在兼济,行在独善。"①可说是古代士大夫在庙堂之上、江湖之远的重大抉择。韦凤娟说:"一个民族的文化模式是一个很复杂的极庞大的完整的母系统。各类子系统纵横交错,很难在有限的篇幅中加以辨析。大致说来,可以把注重事功,以'志于道'作为人格理想、以'齐家、治国、平天下'的社会功利作为人生价值实现的文化模式称为'载道文化',而把超越社会功利、追求人生的审美境界、注重个体的精神需求、以个体精神的逍遥自适作为人生价值实现的文化模式称为'闲情文化'或'闲适文化'。载道文化关乎国家社稷、人伦纲常、政教风化、经济仕途,有着鲜明的社会功利性,所谓'为君、为臣、为民、为物'(白居易《新乐府序》)云云。而闲情文化则关乎个体之情致、志趣、风神、气度等,往往表现为一种悠闲散淡的情怀、一种玄澹雅致的意境、一种高远脱俗的韵致。它并不是某些哲人一时心血来潮的'即兴创作',而是一种极其深厚极其久远的文化心理的积淀。从哲学上讲,它是儒道互补的必然结果,是以道家逍遥自适的人生哲学和儒家'乐亦在其中'的生活信念作为基本理论依据的,是庄子哲学独特的价值观念及思辨方式的一种表现形式。从社会政治角度考

---

① 朱金城:《白居易集笺校》,上海:上海古籍出版社,1988年版,第2794页。

察，闲情文化表现为对社会责任、政治生活的一种规避。也是处于社会历史压力之下的人性的一种'保护性反应'。它滥筋于魏晋时期，是魏晋时期社会政治经济及哲学思潮、时代风尚的必然产物。"[1]这种文化模式对于古代乡村建设具有非常重要的影响和意义，意味着乡村建设是古代知识精英的另一种特殊的社会责任，或说是闲暇时光下的民生情怀。

与今日大多数人向大城市、大都市集聚不同，中国古代社会的人口流动特别是精英阶层的流动性，有其非常显著的特征。可知，今日的大都市集聚了国内外知识储备、工作经验最丰富的一群人，他们是整个国家的现代化步伐的推进器。但中国古代社会，知识精英阶层始终是以皇权庙堂为核心原点，保持与之若即若离的关系。就好比是以之为中心，画就的一个个同心圆。越是靠近同心点，就是处于庙堂之高，越是远离同心点，就是处于江湖之远。中国美丽乡村就是以士大夫的精神家园的身份，处于两者之间。如此具有特殊意义的文化"镜像"值得今日的乡村建设者们好好思考，如何参考古代乡村的文化建设的意义。

中国古代乡村的审美精神，不是呈现为普通劳动农

---

[1] 韦凤娟：《论陶渊明的境界及其代表的文化模式》，《文学遗产》，1994年第2期，第22-31页。

民的审美话语，而是来自古代士大夫群体的审美精神的凝聚，这就涉及审美阶层性问题。这需要回答这么些问题，中国乡村的审美是普罗大众的，还是知识精英的？

在中国古代社会，是典型的对人依赖的时代。由于血缘纽带形成的家国网络社会结构，维系着整个社会的运转。儒生士大夫的家国情怀，世人的论述非常多了，耳熟能详的"死去元知万事空，但悲不见九州同；王师北定中原日，家祭无忘告乃翁"之类，至今能够引起情感共鸣。白居易《村居》："田园莽苍经春早，篱落萧条尽日风。若问经过谈笑者，不过田舍白头翁"，①写出对于老百姓的深厚情感以及悲悯情怀。千年来，无数的士大夫对国家极弱、朝政腐败、民生疾苦以及社会动乱，有无数的发自内心的悲愤的抒怀，激发的家国情怀，让无数仁人志士奔走向往，前赴后继。所谓"夫圣人虽在庙堂之上，然其心无异于山林之中"。儒家的家国情怀核心内容就是对于民族、国家的深沉忧患意识。钱念孙《家国情怀溯源》："家国情怀的核心内涵是在家尽孝，为国尽忠；实践途径是修己安人，经邦济世；价值理想是以身报国，建功立业。家国情怀作为个人对家庭和国家共同体的认同与热爱，是爱国主义精神产生的伦理基础和

---

① 朱金城:《白居易集笺校》，上海：上海古籍出版社，1988年版，第862页。

情感状态，在中华文明数千年演进历程中有着深厚的滋生土壤和历史渊源。"①

然而，在封建时代的家国情怀，往往是以上对下的悲悯。对人的依赖关系，导致人与人之间地位的先天不平等。在乡村的文化建设上，也是完全不平等的，体现为乡村文化建设的主导者全部是不从事具体农业生产活动的乡贤士绅，而普通的劳动者基本上没有发言权。在魏晋南北朝时期，豪门大族垄断了整个时代的文化生产权，对于农业生产是非常鄙视的，务农都是"贱人"从事的"贱役"。于是，审美的阶层性慢慢在政治群体的阶层性上显现出来。所谓阶层性，就是说认知主体由于其特殊的身份和地位，认知呈现出特定的群体特征。桃源印象实际上也是特定群体的审美认知的印象。颜延之是陶渊明的好友，他出生尊贵，是门阀贵族，有一篇文章《陶徵士诔并序》，是历史时空上最接近陶渊明的文章，而其对陶渊明的评价，也是呈现出特定的阶级特征和审美认知上的阶层性。刘裕篡晋，颜延之等大贵族是非常愤恨的，借陶渊明的品节，来抒发自己的遗民情感。陶渊明成为那个时代特定阶层孕育出来的精神偶像。

审美认知上的阶层性最集中体现在审美趣味的差异。

---

① 钱念孙：《家国情怀溯源》，《光明日报》，2019年10月7日，第07版。

如，所谓"茅檐低小，溪上青青草。醉里吴音相媚好，白发谁家翁媪？大儿锄豆溪东，中儿正织鸡笼。最喜小儿亡赖，溪头卧剥莲蓬"[1]，村落里一家人其乐融融，和谐宁静，这是普通人家的幸福日子。当然也有王孙贵族的审美趣味，"空山新雨后，天气晚来秋；明月松间照，清泉石上流；竹喧归浣女，莲动下渔舟；随意春芳歇，王孙自可留"，一切静谧的春意，足以让王孙驻足欣赏。这是唐代王维写的王孙贵族的审美趣味。

近代以后，社会生产力得到极大发展。出现了以社会分工为特点的商品经济和工业革命，极大地激发了社会创造力。整个时代迎来了普通个人的阶层跃升。也就是不再以血缘为社会治理的纽带，而以生产资料按劳分配为特征的经济关系为社会最重要的关系之一。对商品之"物"的依赖，以迅雷不及掩耳之势成为时代主流。商品经济洪流下，人人具有享受社会物质财富的可能性。贵族审美主义迅速被资本所裹挟的商品审美主义掩盖，工业时代迎来了虚假的繁荣。普通人享有了更多的审美话语权，似乎曾经贵族所独占的审美阶层性被打破了。信息时代下的商品经济更是进入了前所未有的繁荣，虚拟的审美世界也出现，日常生活的审美化成为现实，人

---

[1] 邓广铭：《稼轩词编年笺注》，上海：上海古籍出版社，1998年版，第193页。

人都是生活的美学家了。今日的乡村建设，城乡之间的进退，人人可否参与进来呢？

审美不再是精英阶层的审美，现代性发展的结果就是让人人参与到审美中来。这是人类文明发展的重大进步之一。古典审美造就了经典审美，也出现了很多流传百世的优秀作品和成果，但其终究是精英阶层的审美。社会时代赋予了每个人充分发展的可能，日常生活审美化的话题早已不再停留于学者讨论阶段，而是真正地深入了每个人心中。审美阶层流动终于流淌，人人皆有审美可能了，归根到底还是现代性让人的主体性地位得到了更为普遍、完整的确认。人的主体性机缘和契机出现后，乡村的审美流动起来了，人人都是审美的创造者、拥有者，一切审美都变得更为可能。

三、审美生活守望与更新

乡村振兴不仅需要塑形，还需要铸魂。不得不注意到这么一个事实，今天看来，古代的美丽乡村，多是精神家园的美，实际是生活上的困难、环境上的简陋以及经济上的落后，往往并不是古代士大夫关注的重点。饥者歌其食，劳者歌其事，这是发自自然本能的呼声，但经儒家知识体系的淘洗，加之经过艺术加工之后，就可以成为艺术作品。早在《诗经》当中，就有《魏风·十亩之间》《小雅·甫田》等作品，书写劳动人民的农事活动和农村风物。这可以说更接近劳动人民的作品。几千年来，无数的诗词等艺术作品汇聚成中华文明的艺术长河，是民族集体智慧的结晶。守望这些艺术作品，并非要过去，而是提炼其中的民族智慧和审美精神，包括对自由平等、物质满足、宁静安乐的向往等方面，对于今日的乡村建设，站在历史文化的起点上，总比凌空蹈虚或蹩脚模仿西方风格来得实在些。

首先，乡村建设需要家国情怀，尤其是今日乡村，更是关于人的伟大工程。宗法社会士大夫非常显著的特点，即使退处江湖之远，仍关心国运，成了集体无意识的行为。不仅是士大夫个人的情感意志，家国情怀已经成为国家的意志。统治阶层对于民间生存状况以及舆情的关注，也曾通过民乐、民歌的采集来实现。如，仿效汉代采集民间诗歌传统，历代都有类似的民意收集机构，所谓"上以风化下，下以风刺上"。特别是宋人郭茂倩的《乐府诗集》，收集大量民间歌谣，正是体现了官方机构对于民间的舆情掌控情况。当然，采集民歌也是知识精英的选择性行为。民歌的内容也多是体现家国情怀的。

蕴含家国情怀的优秀的艺术文化，需要传承和守护。乡村的文化建设，需要历史的沉淀。各时代的知识精英

第四章　摆脱审美贫困：乡村建设的人学机缘

是文化传承和守护的最重要群体。他们拥有丰富的知识储备和先进的价值体系，拥有比其他人更多的社会资源和执行能力，具有更强大的社会号召力和影响力。所以，回归江湖之远，并非放弃社会责任，而是以另一种方式的回归。

以家国情怀为原动力，回归乡村的人，一般是优秀的人伦道德和社会实践的引领者，是以另一种方式造福桑梓。且不说其他，诸如办学教育英才、表正风俗、引领道德以及著书立说，引领风气等，皆是造福几代人的善事。如此，美丽乡村的更新，则有充足的人力储备。

其次，所谓楚艳汉侈，一代有一代的审美风格，守望古人美丽乡村的情怀，在于提炼其文化上的精粹。诸如农事趣味、精神上"傲然自足，抱朴含真"之类。封建士大夫对于乡村生活以及场景的艺术化书写，具有丰富的农事趣味。且看白居易的《归田》："人生何所欲，所欲唯两端。中人爱富贵，高士慕神仙。神仙须有籍，富贵亦在天。莫恋长安道，莫寻方丈山。西京尘浩浩，东海浪漫漫。金门不可入，琪树何由攀。不如归山下，如法种春田。"①这首乐府诗，写他归田决心，想学农事，把农事活动写得如此浪漫有情趣，是可以激励好多人在

---

①　朱金城《白居易集笺校》，上海：上海古籍出版社，1988年版，第322页。

农事活动中找到人生的方向的。

　　自钟嵘以后，陶渊明的诗歌已经成为时人欣赏的经典作品了。孟浩然说："尝读高士传，最喜陶征君。日睹田园趣，自谓羲皇人。"①所谓的"田园趣"，就是对于山水田园的审美趣味。孟浩然是唐代非常著名的田园诗人，他的风格以及审美偏好，来自陶渊明，重情趣、重体悟，今日的乡村建设也可提炼出如此这般精神趣味的。对于当时的农民来说，陶渊明绝对算是精神贵族了。他虽然归耕田野，一身好读书，不求甚解，可谓是知识精英。文人对于精神满足的追求，是最高的追求了。而文人的精神趣味中，就包含有和平自然、超越现实、冲淡消散、宁静闲适之类。古有《击壤歌》："日出而作，日入而息。凿井而饮，耕田而食。帝力于我何有哉。"②这是厥初生民的质朴语言。山水田园的魅力在于田家风格，古朴、自然、清新等。陶渊明"结庐在人境，而无车马喧。问君何能尔，心远地自偏。采菊东篱下，悠然见南山。山气日夕佳，飞鸟相与还。此中有真意，欲辨已忘言"③，这是一种"不事王侯，高尚其事"的伟大情怀，让人类自然原始的本

---

　①　佟培基:《孟浩然诗集笺注》，上海：上海古籍出版社，2000年版，第330页。

　②　沈德潜:《古诗源》，北京：中华书局，1977年版，第1页。

　③　袁行霈:《陶渊明集笺注》，北京：中华书局，2003年版，第247页。

第四章 摆脱审美贫困：乡村建设的人学机缘

性得以彰显，自由随性的态度得以呵护，这是普世的本性和向往，当之无愧是古代艺术的精粹。

于山水田园趣味中，古人以之为精神寄托，今人也能获得精神滋养。王籍《入若耶溪》："艅艎何泛泛，空水共悠悠。阴霞生远岫，阳景逐回流。蝉噪林逾静，鸟鸣山更幽。此地动归念，长年悲倦游。"①唐人戴叔伦《题稚川山水》："松下茅亭五月凉，汀沙云树晚苍苍。行人无限秋风思，隔水青山似故乡。"②杜牧《商山麻涧》："云光岚彩四面合，柔柔垂柳十余家。雉飞鹿过芳草远，牛巷鸡埘春日斜。秀眉老父对樽酒，蒨袖女儿簪野花。征车自念尘土计，惆怅溪边书细沙。"③温庭筠《商山早行》："晨起动征铎，客行悲故乡。鸡声茅店月，人迹板桥霜。槲叶落山路，枳花明驿墙。因思杜陵梦，凫雁满回塘。"④这些诗歌，都写出了对故乡的思念，以及唤起的乡愁。对于今日外乡奔走的游子来说，记忆中故园依然是田园

---

① 上海辞书出版社文学鉴赏辞典编纂中心:《古诗三百首鉴赏辞典》，上海：上海辞书出版社，2007年版，第533页。

② 林庚《中国文学史》，厦门：鹭江出版社2005年版，第183页。

③ 黑龙江人民出版社编纂中心:《中国古代名家诗文集》，哈尔滨：黑龙江人民出版社，2009年版，第60页。

④ [唐]温庭筠,[唐]韦庄:《温庭筠·韦庄诗全集》，海口：海南出版社，1992年版，第8页。

的模样，才能引起乡愁。

最后，无论时代如何巨变，一以贯之的美丽乡村的精神家园需要重新建设，是永恒不变的旋律。明清时期，也有不少关于美丽乡村的诗篇。钱澄之本是清代遗民，归隐乡村，在恬淡的心境下，有《五月即事》："新杉细竹逐时修，窗里琴声夜更幽。炎月晒来颜亦黑，南风吹久骨皆柔。瓦疏入夏遭梅雨，粮尽经旬接麦秋。却笑昨宵眠不熟，鸡雏放出未亲收。"[1]写得非常的清新脱俗。他还有《田园杂诗》："邻家有老叟，念我终岁劳。日中挈壶盍，晌我于南皋。释耒就草坐，斟出尽浊醪。老叟自喜饮，三杯兴亦豪，纵谈三国事，大骂孙与曹，吕蒙尤切齿，恨不挥以刀！惜哉诸葛亮，六出计犹高，身殒功不就，言之气郁陶。磋此异代愤，叟毋太牢骚。"[2]以叙事的手法写诗歌，饶有趣味。可以想见，这个躬耕田野的老叟，也有一定的文化基础，对历史有自己的看法和见解，在古代的农村社会，尤其难得。另外，屈大均《舟入横搓水作》："渔舟不觉远，深入一溪霞。烟火烧红雨，牛羊饭落花。水声分乱石，山影散晴沙。莺唤人沽

---

[1] 黄天骥《王季思从教七十周年纪念文集》，广州：中山大学出版社，1993年版，第368页。

[2] 黄天骥《王季思从教七十周年纪念文集》，广州：中山大学出版社，1993年版，第368-369页。

酒,垂杨第几家。"[1]这些诗篇都创作在明末清初时代巨变之际,唯有在乡村,能够找到暂时的宁静和精神的自适。蒋寅说:"明清两代的社会相比唐宋已有了很大的变化,逐渐形成以乡绅为主体的社会形态。学界对'乡绅'的定义,历来有不同意见,寺田隆信说明清时代的乡绅指'具有生员、监生、举人、进士等身份乃至资格、居住在乡里的人的总称',大致是不错的。由于仕宦被局限于科举一途,而科试录取名额与人口的增加、教育的发达远不成比例,因而社会上就衍生大量的应试不第的生员,他们享有准官僚的待遇而无功名,而中式举人、进士也有许多不出仕的,加上告假、休致的官员、捐纳的虚衔以及知书达理的商贾,等等,就形成了一个庞大的乡绅社会,士、商、宦的角色愈益模糊不清。这些人在陶渊明的时代就是隐士,而陶渊明若生活在明清两代也就是乡绅。"[2]又说"陶渊明作品之所以广为社会各阶层所喜爱,除了田园生活的讴歌抒发了人们对精神自由的向往,他对日常生活的叙述也在隐逸的名义下实践了乡绅的道义,超前地表达了乡绅阶层的特殊感觉,因而能引

---

[1] 黄天骥主编《王季思从教七十周年纪念文集》,广州:中山大学出版社,1993年版,第369页。

[2] 蒋寅《陶渊明隐逸的精神史意义》,《求是学刊》,2009年第5期,第89—97页。

发广泛的共鸣。"①

至于清末民初，则是三千年未有之大变局，近代知识分子提出了不少变革社会的主张，传统的思想文化体系面临前所未有的被颠覆的压力。一方面，时代的进步和发展，让陈旧的儒家思想接受了洗礼，维护其体制机制的封建社会制度，也付出了代价。资本主义的生产方式和工业革命，以其强大的社会生产力，在西方迅速推动人类文明走向新的阶段。另一方面，中国传统的乡村的价值体系和文化观念，在新的历史变革中，将迎来新的改变。然而，人类共同的情感、普世的价值，都需要守望。或者说，守望我们的精神家园。这个精神家园，是每个人最真实的内心与万物交感，形成的发自内心的感慨。如陶渊明的《时运序》："时运，游暮春也。春服既成，景物斯和，偶景独游，欣慨交心"，②写出的就是人类普遍的情景感应，触物寄怀，这也是我们都需要守护的精神家园。

王国维是比较早从美学建设角度提出国人的精神家园建设的。他认为，我国人之特质，"吾国人之精神世间

---

① 蒋寅：《陶渊明隐逸的精神史意义》，《求是学刊》，2009年第5期，第89—97页。

② 袁行霈：《陶渊明集笺注》，北京：中华书局2003年版，第8页。

也、乐天也"①,"呜呼,我中国非美术之国也!一切学业,以利用之大宗旨贯注之。"②我国人桎梏于现实的利益格局中,于功利的关联中,不能超然物外,缺少精神家园。于是,精神上没有趣味和追求,"美术之匮乏,亦未有如我中国者也"③,精神之慰藉,求之于鸦片,而不是美术。这些观点在当时,可谓石破天惊。还有蔡元培倡导美育对文化运动、社会治理独特作用,提出剧院、广场、公园、建筑、器具、印刷品、广告的美育效用,倡导新文化体系,以美育构筑理想社会,实际上也是关注国人的精神家园建设。宗白华反求诸己,在中西对比中,论证我国文化中追求生命充实和圆满,穿透生命与时空,构筑形上境界。方东美也以美学来解决人生问题,实现个体生命的完善。鲁迅《故乡》等文学作品对中国农村问题的批判性思考,对村落的衰老、破败以及人情凋零的揭露,给人留下了极其深刻的印象。近代中国的知识精英,尝试以自己对世界和人生的理解,重建民族的精神家园。

---

① 王国维:《王国维文学美学论著集》,上海:生活·读书·新知三联书店,2018年版,第28页。

② 王国维:《王国维文学美学论著集》,上海:生活·读书·新知三联书店,2018年版,第79页。

③ 王国维:《王国维文学美学论著集》,上海:生活·读书·新知三联书店,2018年版,第107页。

十月革命一声炮响，给我们送来了马克思列宁主义。中国乡村的建设将迎来科学的、民主的思想指导，不仅是物理层面的建设，还有精神层面的家园守望。马克思主义坚定地站在最广大人民群众的立场上，探求以人类的自由而全面发展的精神家园，力求建立一个人人平等、自由、没有剥削和压迫的理想世界，一定会让中国乡村重新焕发活力和生机。

第二节　摆脱审美贫困的人学契机

普遍认为，近代科学的发现，赋予人以更高的主体地位。人学得以产生，关于人的生存状态的近代哲学，更得到关注。与西方文化显著不同，宗法中国是农耕文明的国家，农业与中国的国运密切相关。广大宗法社会的士大夫，又最为紧密地将自己的人生、信念和理想与政治、与民生捆绑在一起。历朝历代国运、文运与王权政治随波起伏，激荡着中华文明的灿烂浪花。于是，农业融入了士大夫的生命历程，而士大夫也在人生沉浮中，擘画庙堂与江湖之间的精神世界和文化寄托。在士大夫留下的诗篇中，有风景、有经济、有人物、有心境，都是必然的。不管是长城内外、大河上下，山间牧野、田

第四章 摆脱审美贫困：乡村建设的人学机缘

园小村，或是雄奇壮阔，或是秀美清新，或是人情世故，或是风俗土情等，如彩笔般绘于文化画卷之中，可谓是非常宝贵的珍品。如此说来，这些都是中华民族乡村建设的集体无意识的向往和愿望。

宗法社会知识分子给人的印象是感性的、情感的，充满理想主义的，与西方的形而上引领下的理性主义和规则至上有明显的自足性特点。可以说，在精神或灵魂层面，宗法社会知识分子有形而上的"天道""道"的追索，对于神秘主义和未知力量的敬畏，另一方面，又是形而下的，向下关注着现世、人生，以浪漫的诗意，填图田野色彩。如此这般的"上下求索"的精神向往和追求，构筑了天人合一的基本文化信仰。颇具意思的是，这与西方近代以来以唯物主义对抗宗教神权的思想斗争完全不一样。中国文化有形而上的冲动，却没有陷入其中，更没有完全依附于神权，而是以儒家的"道统"精神引领着向下的现世精神。当然，这并不是说中国古代社会不需要精神上的呵护和滋养。只是这种呵护不是来自神权的庇佑，而是来自艺术的、美学的填补。

即使是如此现实主义的民本思想等政治权术，仍然可以艺术地表达。宗法社会知识分子的精神寄托和呵护，逐渐形成古老的文化自觉。文化积淀非一朝一夕之功，而是漫长岁月印记的总和，这是当下摆脱审美贫困的人学机缘。宗法知识分子对于农业农村,充满了艺术的、审美的、浪漫的寄托和信仰,是关于人的生存和发展状态的人学,对今日之乡村建设有非常重要的借鉴意义。

一、宗法社会对人精神世界的关照

马克思说:"通过私有财产极其富有和贫困——物质的和精神的富有和贫困——的运动,正在产生的社会发现这种形成所需的全部材料;同样,已经产生的社会,创造着具有人的本质的这种全部丰富性的人,创造着具有丰富的、全面而深刻的感觉的人作为这个社会的恒久的现实。"[1]审美贫困,归根到底是精神的贫困。而精神的贫困,虽有相对独立性,则与物质上的贫困深度相关。无独有偶,宗法乡村社会对人的精神世界丰富性极其重视。

精神生活是人类活动中最高级的形式,其人类区别于其他物种的重要标志之一。精神上的活动,以其丰富、深远程度上的差异,而具有不同的品格。宗法社会知识分子对于"天道""道""德"等方面精神文明的建设程度,可谓臻于人类之巅。然则对于物质、经济建设的忽

---

[1] [德]卡尔·马克思,[德]弗里德里希·恩格斯:《马克思恩格斯全集》,第 42 卷,北京:人民出版社,1979 年版,第 126 页。

第四章 摆脱审美贫困：乡村建设的人学机缘

视，又让其在近代工业化过程显得落伍。今日的美丽乡村建设，在产业引领之下，注重乡风、习俗等方面的建设，在治理体系和机制上全面升级。当然，宗法精神文明建设中某些意义仍然值得人们去思考，完全可以丰富今日的乡村建设的意义。

儒家人看不起农民，也轻视体力劳动，但却又有强烈的民本情怀。原因就在于儒家士大夫更关注精神层面、或者说道统层面的建设，不关心具体的涉农事务或是细枝末节的物质、经济事项。归根到底，儒家文化更侧重从道德精神层面来统领、指导一切，而不是从物质或经济层面出发去决定一切。《颜氏家训》说"士大夫耻涉农商"，认为务农与做买卖一样，是下等事务。而对于精神上"道"的追求，则是上等事务了。孔子曰："笃信好学，守死善道。危邦不入，乱邦不居。天下有道则见，无道则隐。邦有道，贫且贱焉，耻也；邦无道，富且贵，耻也。"[①]"有道"就要辅佐之，"无道"就要隐藏之。儒家面对现实政治，有一套自己的道德精神法则。实际上，也很好理解，说的是"孔子的修己之道，安人是修己的自然延续，而仁民才是修己的真正归宿。君主应当如何践行仁政德治呢？在孔子看来，为政者具有了道德禀赋，

[①] 朱熹《四书章句集注》，北京：中华书局，1983年版，第106页。

便拥有了政治人格和权力权威；然后修己安人、安百姓，即履行仁政德治，终致内圣而外王。"① 内圣外王之说，是中国古代社会知识分子最基本的行为法则。

实际上，儒家学问一直有两种倾向：经世与避世。自汉代儒学与政治深度融合之后，今文经学偏向于经世，契合于"政统"；而古文经学侧重于避世，契合于"道统"。后世诸家学问，都是在其中徘徊逡巡。费孝通说："实际执政的系列——政统——和知道应该这样统治天下的系列——道统——的分别是儒家政治理论的基础，也是中国传统政治结构中的一个重要事实。"② 这与西方文化体系呈现出巨大差异。西方中世纪文化中的宗教神权一直占有无与伦比的地位，政教合一的体制下，对社会的控制是前所未有的。而中国古代社会不是政教合一，而是政道合一。也就是儒家的"道""天道"等绝对的理念，统领着万物的秩序和法则。这种根本的、底层的社会运作模式，不是把人统治于唯一神宗教体系中遮蔽今生，而是赋予了人更多的俗世自由和现实浪漫。换句话说，道统与政统的配合，给予了广大士大夫极高的地位和社会

---

① 刘丹忱:《孔子与柏拉图治国思想之比较互鉴》,《孔子研究》, 2020年第2期，第79-96页。

② 费孝通:《乡土中国》，上海：上海人民出版社,2013年版，第114页。

参与度。王畿说："儒者之学，务为经世。"[①]这表明一部分知识分子的社会态度。

经世固然是士大夫的首要选择。中国古代社会的文官政治，造就了灿烂的封建文明；而避世，也造就了特殊的封建文化精神。对于政统与道统两种权力体系，费孝通说："在中国，孔子也承认权力的双重系统，但是在他看来，这两个系统并不在一个层次里，它不是对立的，也不必从属的，而是并行的，相辅的，但不相代替的。"[②]实际上，也是两种相辅相成的政治态度。费孝通说："政统和道统，一是主动，一是被动；站在被动的地位才会有'用之则行，舍之则藏'。用舍是有权的，行藏是无权的。"[③]"藏"，也就是避世，即使没有实际的政治权力，实际上也是有软性的话语权力的。

选择硬性的政治权力还是软性的话语权力，是一种有效的政治策略。这与古代政治环境有莫大关系。简单说来，如果道统能够约束政统时，则经世；如果道统不

[①] 王畿:《王龙溪先生全集》，台北：华文数据股份有限公司，1970年版，第891页。

[②] 费孝通:《乡土中国》，上海：上海人民出版社，2013年版，第114页。

[③] 费孝通:《乡土中国》，上海：上海人民出版社，2013年版，第115页。

能约束政统时候,则避世。费孝通说:"在持执规范的人看去,实际的政治有些和有时是合于规范的,有些和有时是不合于规范的,于是分出'邦有道'和'邦无道'。尧舜是有道的例子,桀纣是无道的例子。皇权可以失道,当失道之时,卫道的人并没有意思去改正它,只要勤于自修,使这规范不湮灭。依孔子的看法,明白规范的人可以在被用的时候把道拿出来,不被用的时候好好地把道藏好。师儒就是和这道统不相离的人物。皇权和道接近时,师儒出而仕,皇权和道分离时,师儒退而守。"① 这就是非常有效的政治选择。

相比于庙堂之上的经世,江湖之远的避世,让士大夫获得了更多的精神自由,也更能彰显士大夫个人的人格魅力。往往很多优秀的文学作品,也都是在避世的情况下创作出来的。最典型莫过于屈原、陶渊明、杜甫等人。对于这种文化现象,邓安生说:"中国封建统治阶级的文化是严酷诛杀(刑法)与思想桎梏(礼教)相结合的产儿。这种文化只要求人民的绝对服从,而决不许有丝毫的个人自由,人性被严重扭曲了,异化了。'陶渊明欲仕则仕,不以求之为嫌;欲隐则隐,不以去之为高;饥则叩门而乞食,饱则鸡黍以延客。古今贤之,贵其真也。'(苏轼《书

---

① 费孝通:《乡土中国》,上海:上海人民出版社,2013年版,第115页。

李简夫诗集后》）他是为精神自由而生，为个性解放而隐的，隐居使他存其身而保其真，田园使他获得生活乐趣和寄托。这不但为大批不能仕不能'达'的封建士人开辟了一条与'优仕''兼济'不同的人生道路，对那些厕身仕途而时感案牍劳形的士大夫也具有莫大的诱惑力。特别是每当他们感到'失意'之时，就不禁要想起陶渊明，'转忆陶潜归去来'（高适《封丘作》），'归来五柳下，还以酒养真。人间荣与利，摆落如尘泥'（白居易《效陶潜体诗》十二）。这就是唐宋以后广大士大夫的陶渊明情结，是陶渊明隐逸文化的魅力所在。"[①] 山野田园的隐逸避世，也是封建士大夫在精神上、情感上自我修复的重要方式之一。

当脱离政治的权力网格后，很多知识分子都有寻找精神家园的渴望。中国古代士大夫的精神寄托方式是沉浸于山水田园之中，获得精神的升华和宁静。宋人翁卷《乡村四月》："绿遍山原白满川，子规声里雨如烟。乡村四月闲人少，才了蚕桑又插田。"这里写出了一个宁静而美好的乡村四月景象，这是一种非常独特的精神家园。从屈原游走徘徊于江边开始，历代士大夫都把山水田园作为自己的精神归属地。当然，值得一提的是，宗教活

[①] 邓安生:《从隐逸文化解读陶渊明》，《天津师范大学学报》，2001年第1期，第51—57页。

动也是士大夫们的精神寄托方式之一，但不是唯一。如宋代苏轼，儒释道佛兼修，在佛家的世界中徘徊一阵后，仍然可以在经世致用、内圣外王的儒家宗旨下行事。精神寄托的复杂性，由此可见一斑。

自陶渊明之后，传唱桃源故事的诗人可谓无数，如前所述，代表的就是一种心灵上的渴望和共鸣。这种桃源题材的题咏，或是寄托了避世情怀，或是承载理想天国的愿望，都是在寻找文人自己的精神家园，或者说建设自己的精神家园。且不说其他朝代，就是唐代人，咏陶诗就有几十首之多。如李白的《小桃源》《桃源二首》，如包融的《武陵桃源送人》、皮日休的《桃花坞》等。值得注意的是，唐代经安史之乱后，时代巨变，咏陶人必咏桃花源，寻找精神的安抚和寄托的家园。处江湖之远，山水田园的乡村生活，意味着精神自由。且看卢照邻到乡村山庄去度假，有《山庄休沐》："兰署乘闲日，蓬扉狎遁栖。龙柯疏玉井，凤叶下金堤。川光摇水箭，山气上云梯。亭幽闻唳鹤，窗晓听鸣鸡。玉轸临风奏，琼浆映月携。田家自有乐，谁肯谢青溪。"[1] 从文字中的画面，可以看到一个自由的精神和灵魂。精神家园的建设方式有很多，纵情山水、点染烟霞等，可以没有烟火气息，

---

[1] 彭定求等:《全唐诗》，北京：中华书局，1979年版，第527页。

可以没有农事田园，却又自然清新而脱俗。

从精神层面，人是需要获取平衡的。当今社会，人类文明已经进化到商品经济时代，物质上的极大丰富，映衬出精神上的落寞与空虚。乡村的振兴和发展，为精神上的休憩和自由提供了物质可能和空间。古人的精神寄托和享受，对于今人来说并非难事。唐代王维辞官在蓝田隐居时候，住在辋川别业里面，游山玩水，日子是非常清闲快活的，有诗为证："贫居依谷口，乔木带荒村。石路枉回驾，山家谁候门，渔舟胶冻浦，猎火烧寒原。唯有白云外，疏钟间夜猿。"[1] 王维对于古代乡村的文化建设意义，是非常显著的。他的《辋川集》中的作品，基本上写的都是他辋川庄园附近的景色。根据考证，王维居住的辋川应该是在今日陕西省蓝田县，这里风光秀美，宜居舒适。今日美丽乡村建设，可以对古代士大夫笔下的美丽乡村在精神层面做到还原。如果能够达到这目标，可以说乡村建设在一定意义上是成功的。

---

[1] 杨文生：《王维诗集笺注》，成都 四川人民出版社，2018年版，第240页。

二、基于人生问题的精神文化建设

从精神寄托到文化建设，也就是把个人的精神自由和愿望，落实到具体的乡村文化上，也就是具体的文化实践了。唯有高质量的文化精神，才能引领文化方向。古代乡贤是能够引领乡村的文化建设的。落叶归根，封建士大夫回乡是大概率事件。不管赋闲、贬谪甚至省亲、守孝等，古代士大夫都有大量的时间留居乡野。早在唐代，所谓"贤族唯题里，儒门但署乡"，说的是古人对于落叶归根的乡里有特殊的情感，儒家贤能要族，对于家乡的文化建设是非常重要。

当然，乡绅对乡村建设的意义，简单来说，也要分两面看。如果封建士大夫并不是真正的贤能、高尚的士大夫，特别是一些政治腐烂的历史阶段，这些"士大夫"就可能勾结贪官、鱼肉乡里，变成土豪劣绅，对于乡村的破坏是非常大的；另一方面，如当政治清明之时，封建士大夫谪居或赋闲或省亲或落叶归根等各种原因，居住在乡里几年，又能担负起"道在师儒"的光荣责任，能够为万民表，能够移风易俗，成为乡间的太平师爷，造福一方。类似这样的士大夫所起的作用，可能远远大于地方官员。

很多士大夫见识更广，更深入到基层社会族群中，

第四章　摆脱审美贫困：乡村建设的人学机缘

深入体察到老百姓的疾苦，也能够以自己的文化影响力作用于乡风乡俗。他们不仅在思想文化层面影响到了那些村落的文化建设，而且还可以通过自己宗族的经济实力，建祠堂、修庙宇、建房屋，甚至帮助贫困老百姓，为他们的生活兜底，让"黎民不饥不寒"，等等。这样的封建士大夫不忘本，把建设乡村作为自己的责任扛起来。于是，经常出现这样的情况，一个地方出现了贤达人物，开了风气，接着会有很长一段时间，这个地方贤达人物辈出，"循环作育，蔚为大观。人才不脱离草根，使中国文化能深入地方，也使人才的来源充沛浩阔。"[①]在漫长的中国封建社会，乡村的人才来源比较单一，类似这样的乡族，则是最主要的人才来源。

　　实际上乡村这一片土地，也是乡绅贤达们实现精神自由、个体自由的地方。他们回乡后往往是个体精神成长，体会到人生要义，如王阳明、曾国藩等人俱是谪居或归乡后领悟到非常多的精义。摆脱烦琐的案牍劳形，乡村特殊而安静的环境，反倒让人容易陷入沉思。如卢照邻《山林休日田家》："归休乘暇日，馌稼返秋场。径草疏王彗，岩枝落帝桑。耕田虞讼寝，凿井汉机忘。戎葵朝委露，齐枣夜含霜。南涧泉初冽，东篱菊正芳。还

---

　　① 费孝通：《乡土中国》，上海：上海人民出版社，2013年版，第298页。

思北窗下，高卧偃羲皇"。如此美妙的风景之下，加持美好的心境，更能获得精神的自由。

更重要的是，乡绅贤达们获得的不仅是个人的精神安足，而是在日常生活中获得价值和自我实现的自足。有学者说过，"众所周知，中国传统精神生活的一个重要特征是：生活在展开过程中价值自足，外在于此的精神可有可无。当人们接受'个体'观念，信奉'个体自由'，每个个体亦推脱不掉为自身提供价值源泉的责任与使命。对在中国文化长河中衍生出的个体来说，并不需要他直面苍莽的宇宙。但如何能够一啄一饮皆风流，亦非自然而然即能成就。以个体价值自足为原点，由己而人，由人而物，由物而事，推情原意，此逻辑值延展即是'日用即道'之现代表述。从方法论角度看，个体价值之实现不仅需要自身意向之投射、移情，同时也需要直面所投射之'他'。在我与他的交通中，相互吸取、相互成就。"[1]这种传统精神是显著不同于西方文化的。

苏轼在任徐州太守的时候，当时为农家求雨而得愿，于谢雨途中经过石潭写的五首组词，即《浣溪沙·徐门石潭谢雨道上作五首》，写出了封建士大夫对于乡村的关怀和亲民情怀。"其一"写道："照日深红暖见鱼，连溪绿

---

[1] 贡华南：《饮酒与中国人的精神生活》，《江淮论坛》，2020年第1期，第60—66页。

暗晚藏乌。黄童白叟聚睢盱。麋鹿逢人虽未惯，猿猱闻鼓不须呼。归家说与采桑姑。"① 这是一幅乡村的美景图，自然与人事都很和谐。可以看到阳光照射下的潭底鱼儿自由地游来游去，溪水悠悠，暗绿的丛林掩映，里面百鸟嘤嘤，还有那乌鸦也藏于其中。老人和小孩们闲来无事，都来围观这谢雨的盛事，心情非常愉悦开心，心里暗想，要回去给家里"采桑姑"好好描述下这个盛况。当然还有麋鹿也来凑热闹，还有那猿猴更是不怕行人和锣鼓。苏轼写这些画面，实际上表达的是与民同乐的士大夫情怀，与他人的情感交通中，个人的价值得以实现。

当时苏轼还是徐州太守，他为官清正平和，对老百姓的生活非常关心。"其二"写道："旋抹红妆看使君，三三五五棘篱门。相挨踏破茜罗裙。老幼扶携收麦社，乌鸢翔舞赛神村。道逢醉叟卧黄昏。"② 这是写乡亲们走出篱笆门，纷纷来看使君们路过乡村。老老幼幼相互扶携，社祭的仪式也刚结束，喝醉的老翁醉卧黄昏下。在苏轼眼中，乡村总是恬淡而宁静的，即使生活有些艰苦，但终究可以任性、适意地生活。"其三"写道："麻叶层层苘

---

① 邓同庆:《苏轼词编年校注》，北京：中华书局，2002年版，第230页。

② 邓同庆:《苏轼词编年校注》，北京：中华书局，2002年版，第232页。

叶光,谁家煮茧一村香。隔篱娇语络丝娘。垂白杖藜抬醉眼,捋青捣䴬软饥肠。问言豆叶几时黄。"[1]桑叶泛着明亮的光彩,煮茧谋生活,生活总能过得去,能听到娇娘欢笑,看到老翁醉眼。苏轼对老百姓的温饱是最关心的,"问言豆叶几时黄",就是渴盼着农家丰收。"其四"写道:"簌簌衣巾落枣花,村南村北响缫车。牛衣古柳卖黄瓜。酒困路长惟欲睡,日高人渴漫思茶。敲门试问野人家。"[2]这是写乡村的场景,有枣树、柳树,还有乡村缫丝的场景,美好而宁静。太守累了,随意敲开民居,也能讨到一壶茶喝。此时此景,太守苏轼也有点想卸去朝衣,归隐乡村了。"其五"写道:"软草平莎过雨新,轻沙走马路无尘。何时收拾耦耕身。日暖桑麻光似泼,风来蒿艾气如薰。使君元是此中人。"[3]这种美好的乡村生活,是苏轼内心所向往的,也深刻呈现出其为民情怀。

谢雨是祈雨之后的答谢,是宋代乡村的一种宗教祭祀仪式,也体现出乡村文化建设的意义。古代自然经济

---

[1] 邓同庆:《苏轼词编年校注》,北京:中华书局,2002年版,第233页。

[2] 邓同庆:《苏轼词编年校注》,北京:中华书局,2002年版,第235页。

[3] 邓同庆:《苏轼词编年校注》,北京:中华书局,2002年版,第237页。

第四章 摆脱审美贫困：乡村建设的人学机缘

条件下，人们通常只能靠天吃饭。霜雪、雨水多了，又让他们心中忧虑重重。唐人耿湋的《秋中雨田园即事》："漠漠重云暗，萧萧密雨垂。为霖淹古道，积日满荒陂。五稼何时获，孤村几户炊。乱流发通圃，腐叶著秋枝。暮爨新樵湿，晨渔旧浦移。空余去年菊，花发在东篱。"①可知古代老百姓的日子不容易，到处的荒凉与困苦。陶渊明《归园田居》其二："野外罕人事，穷巷寡轮鞅。白日掩荆扉，虚室绝尘想。时复墟曲人，披草共来往。相见无杂言，但道桑麻长。桑麻日已长，我土日已广。常恐霜霰至，零落同草莽。"②这也是害怕霜霰来了，把庄稼给毁了。物质经济毕竟是生存的基础，农业技术的落后以及自然生存条件恶劣，都对农业生产有非常大的影响。

当然，中国封建社会几千年的农业技术落后，并不能全部归咎于乡绅贤达。其中原因非常多，费孝通提供了一种观点，值得思考。费孝通说："土地所需劳力的分量是跟着农业技术而改变的。若是农业中工具改进，或是应用其他动力，所需维持的人口也可减低。但是，在这里我们却碰着了一种恶性循环。农业里所应用人力的成分愈高，农闲时失业的劳力也愈多。这些劳工自然不

---

① 彭定求等:《全唐诗》, 北京: 中华书局, 1979年版, 第2004页。
② 袁行霈:《陶渊明集笺注》, 北京: 中华书局, 2003年版, 第83页。

能饿着肚子等农忙，他们必须寻找利用多余劳力的机会。人多事少，使劳力的价值降低。劳力便宜，节省劳力的工具不必发生，即使发生了也经不起人力的竞争，不值得应用。不进步的技术限制了技术的进步，结果是技术的停顿。技术停顿和匮乏经济互为因果，一直维持了几千年的中国的社会。"①

所以，乡绅贤达对于中国古代乡村的建设贡献，实际上主要也就是文化建设方面了。那么，这种文化建设到底是什么具体内容和形式呢？

三、基于人生问题的乡村文化自觉

马克思说："一个种的全部特性、种的类特性就在于生命活动的性质，而人的类特性恰恰就是自由的自觉的活动。"②宗法社会当对人的精神关照，成为集体自觉之后，乡村建设必然呈现出迥异于其他社会的特点。

宗法社会乡贤士绅参与乡村社会治理的文化建设，从根本意义上说，已然成为文化自觉。所谓"情深而文

---

① 费孝通：《乡土中国》，上海：上海人民出版社，2013年版，第244页。

② [德]卡尔·马克思，[德]弗里德里希·恩格斯：《马克思恩格斯全集》，第42卷，北京：人民出版社，1979年版，第96页。

明"，一代代乡贤士绅们在乡村文化建设过程中，不断传承、创新，发展并形成自己的乡村文化体系。其过程，经历了文化荒芜、文化跟随和模仿、文化没落、文化再生长等一系列阶段，然而在各个阶段，又有自己的文化确认。所谓文化确认，就是清醒地明白自己的文化来历、特性和趋势，在理性认知的基础上，以实际的行动，去丰富、完善文化体系，以追求美好生活。陶渊明《拟古诗》中，有这么一首："少时壮且厉，抚剑独行游；谁言行游近，张掖至幽州；饥食首阳薇，渴饮易水流；不见相知人，惟见古时丘；路边两高坟，伯牙与庄周；此士难再得，吾行欲何求"。[1] 这首诗歌值得玩味的地方在于，其生动地呈现了陶渊明复杂的思想体系。这时候的陶渊明，有儒家的兼济天下的情怀，认为唯有孔丘是他的知音，能够引领他的人生方向去追求功业、追求道德完善，同时，他也有老庄的退隐情怀，所以又变得迷茫，不知何所求。可知他思想的复杂性。更重要的是，他能够非常理性地认识到自己的思想体系，这就是所谓的文化自觉。

中国乡村文化的自觉则更晚一些。魏晋以来，长达三百年的混乱、割据时代，即使出现如陶渊明这样的文化大师，但文化上的融合也伴随着混乱，真正的繁荣来

---

[1] 袁行霈《陶渊明集笺注》，北京：中华书局，2003年版，第334页。

自唐宋之后，乡村文化的自觉也经历了孕育到慢慢开始完成。唐宋以来，不仅是政治上的统一和繁荣，更重要的是原先的门阀贵族制度慢慢被打破，普通的平民有了上升的渠道，普通个人的价值和意义得以发现，个人的尊严和地位得到重视。即使是一些农民，通过自己的努力，仍然有翻身的机会。农民的形象不再那么低下，获得了一定的社会地位和认可。乡村文化得到前所未有的重视。为了更有说服力地证明这一点，试想一下，当初大族谢灵运的诗篇之中，尽是山水点染、烟霞弥漫，寻幽访胜、悠游山水之中，难以看到他笔下的田园村庄农田农人，而更多是贵族气十足的烟云风波、山形巨制而已。但是，到了唐宋之后，王维笔下的辋川则更具有平民生活气息，关注更多农人生活。

的确，这离不开儒生士大夫的社会地位变迁。时代召唤了中国乡村必须走向文化自觉。那么，如何走向文化的自觉？简单来说，就是文化可以发挥组织社会关系、维系社会秩序、推动社会实践、形成生活方式的作用，进而凝聚成民族的习惯、族群的信仰。举例来说，中华山水田园的审美文化，经历了衰落、变异到逐步自觉的过程。在中国审美文化中，对于静谧、和谐的向往，是扎根于心底的文化因素，由此塑造了几千年来中国人的审美范式。正如马克思说，"希腊神话不只是希腊艺术的武库，而且是它的土壤。"①中国的山水田园审美范式，也是中国乡村文化的武库，更是其土壤。

　　天人合一的文化理想，也让古代中国文化体系中没有太接受"物"的负累，反而一再关注着"心"的自适。乡贤士绅对于经济、物质等问题不甚着意，对于个人的心性、情感以及气质方面关注甚多。钟嵘《诗品序》："气之动物，物之感人，故摇荡性情，形诸舞咏"②，刘勰《文心雕龙·明诗篇》："人禀七情，应物斯感，感物吟志，莫非自然"③，这种原始的文化创作的冲动，实际上类似"劳者歌其事"，在集体情感的抒发中，呈现出文化自觉。这是很有意思的现象，不同于西方文化包括西方哲学那样更为理性、更为抽象的文化思考，中国古代文化呈现出来的看似没有积淀理性内容的感性认知，看似短暂的、不稳定的、易变的情感内容，这也算文化自觉吗？实际上，当几千年来一代又一代士大夫都以类似方式呈现对个人、家族、国家的思考和看法，以及恰当的情感表达出来，或是仕途偃蹇，或是政治重压，或是钟情隐逸，

---

① [德]卡尔·马克思，[德]弗里德里希·恩格斯：《马克思恩格斯全集》，第12卷，北京：人民出版社，1962年版，第761页。

② 曹旭：《诗品集注》，上海：上海古籍出版社，1996年版，第1页。

③ 杨明照等：《增订文心雕龙校注》，北京：中华书局，2000年版，第64页。

或标举雅趣，已经完全构成文化自觉了。

宗法乡村的文化自觉，也就是在天人合一的文化理想下逐渐发展并形成的。这是一个复杂认识和艰苦探索的过程。本来中国古代的乡村美是多层次的、多方面的，绝不是单面的、简单的。费孝通在《论文化自觉》一书中专门讨论天人合一，并提出中西方文化上完全可以"各美其美、美人之美、美美与共、天下大同"的观点。中国古代社会呈现出的田园之美，的确呈现出非同一般的色彩。这与古代西方的山水田园非常不同。如，古代乡村的垂钓生活，也是有不同的风味。如柳宗元《江雪》："千山鸟飞绝，万径人踪灭。孤舟蓑笠翁，独钓寒江雪"[1]，表达的是另外一种孤寂美。储光羲《钓鱼湾》："垂钓绿湾春，春深杏花乱。潭清疑水浅，荷动知鱼散。日暮待情人，维舟绿杨岸。"[2] 在西方文化体系中，是没有这样的文化场景的。

宗法士大夫在山水田园村舍中，得到自己的人生确证，可以从其艺术作品中看出中国乡村文化上的自觉。苏轼《鹧鸪天》："林断山明竹隐墙，乱蝉衰草小池塘。翻空白鸟时时见，照水红蕖细细香。村舍外，古城旁，

---

[1] [唐]柳宗元著，吴文治等点校《柳宗元集》，北京：中华书局，1979年版，第1221页。

[2] 彭定求等：《全唐诗》，北京：中华书局，1979年版，第1376页。

第四章　摆脱审美贫困：乡村建设的人学机缘

杖藜徐步转斜阳。殷勤昨夜三更雨，又得浮生一日凉。"①秋日雨后，谪居黄州乡村的苏轼漫步在斜阳小道，那时那景，欢快而闲适，这就是乡间小景带给艺术家的美的享受，自由的感觉。任何一个民族，在其漫长的发展历程中，都有对于美好生活的向往。农业是中华民族的基本生产方式，蕴含了民族的理想和愿望，如桃花源就是民族的乌托邦，相比于西方空想社会主义的乌托邦，桃花源显得更为形象、更为感性，更为接近中华民族的大同理想。这种大同理想并非一提出来就永久适用，而是要在不同的历史时代，进行不断地确证。民族的自信就来自各个时代不断地确证。在某种程度上，这已经成为中华民族历代知识精英的文化自觉。这种特殊的文化现象，是与中华民族内儒外道的情怀紧密联系在一起的。

民族理想和文化自觉紧密结合在一起，来自封建士大夫们的集体自觉。所谓"救济人病，裨补时阙"，还有白居易《与元九书》云"始知文章合为时而著，歌诗合为事而作"②，谈到的都是这个群体的集体担当。类似的不胜枚举。陆游《残年》云："残年光景易骎骎，屏迹江村

---

①　邓同庆:《苏轼词编年校注》，北京：中华书局，2002年版，第474页。

②　朱金城:《白居易集笺校》，上海：上海古籍出版社，1988年版，第2792页。

不厌深。新麦熟时蚕上簇,晚莺啼处柳成阴。短檠已负观书眼,孤剑空怀许国心。惟有云山差可乐,杖藜谁与伴幽寻?"①虽然归居山野,还是不忘庙堂之忧,他的书写超越了个人的局限性,能够为大多数人阅读而产生情感的共鸣,这样的情感书写是成功的,也是一种文化自觉的书写,而不是简单的个人情绪的抒发。元代张可久《人月圆·山中书事》:"兴亡千古繁华梦,诗眼倦天涯。孔林乔木,吴宫蔓草,楚庙寒鸦。数间茅舍,藏书万卷,投老村家。山中何事?松花酿酒,春水煎茶。"这是看破历史繁华和变迁,唯有在乡村,人生才得以永恒。或者说,儒家士大夫放弃了"济世"的社会责任,而承担起书写"放怀乐道"的另一种文化的自觉。

以上典型事例可以看出,在自给自足的年代,中国的农耕文明以及宗法经济社会形态,紧密地与国家的政治意识形态结合在一起。儒家政治与宗法经济的结合,造就了稳定而持续的社会结构和秩序。几千年的农业文明,就是在这样的政治经济学构架下,完成了自己的历史使命。

儒家政治理想下的宗法经济与西方的商品经济有很大的不同。简单来说,一是宗法经济更靠近政治关系,

---

① 钱仲联《剑南诗稿笺注》,上海:上海古籍出版社,1985年版,第4392页。

第四章 摆脱审美贫困：乡村建设的人学机缘

而商品经济更靠近市场关系；二是宗法经济是对人的血缘或宗法关系的依赖，而商品经济是对物的交换价值的依赖；三是宗法经济是内生保守型经济形态，而商品经济是开放扩张型经济形态。宗法经济形态下的中华农耕文明，以及农耕文化上生长起来的艺术的花朵，更接近政治而非市场，更依赖人的关系，而非交换价值。所以，与后来西方文艺复兴以来，艺术与商品经济的紧密结合不同，中华古代艺术生成的土壤，是特异的，也是独一的。诸如白居易、陆游、张可久等儒家士大夫，都是在宗法社会的农耕文明下成长起来的精英群体。他们在长期的艺术生活实践中，在家国情怀统领下，与山水田园形成了最为牢靠的共情结构关系。

当然，宗法乡贤士绅对于乡村文化建设的局限性也非常明显。费孝通说："师儒和政权的关系曾有着这一段演变的历史。最初是从政统里分离出来，成为不能主动顾问政事的卫道者。这个不能用自己力量去维护自己利益的中层阶级，在皇权日渐巩固和扩大的过程中，曾想过借传统的迷信，或是思想体系，去制约这随时可以侵犯他们利益的皇权，但是在中国显然并没有成功。于是，除了反抗只有屈服。士大夫既不是一个革命的阶级，他们降而为官僚，更降而为文饰天下太平的司仪喝彩之流。这一段演变的历史也许可以帮助我们了解绅士在政治结

· 259 ·

构里的地位。他们并不是积极想夺取政权为己用的革命者,而是以屈服于政权以谋得自己安全和分润一些'皇恩'的帮闲和帮凶而已,在政治的命运上说,他们很早就是个失败者了。"① 士大夫的这种两面性,也是值得今人反思的。

当代社会,信息传播迅速,各种思想元素相互冲击。市场经济带来的大量流行的审美因素,给予了村民,可以成为批判自己的武器,从而追求更高、更深层次的审美理想。马克思提到,"代替那存在着阶级和阶级对立的资产阶级旧社会的,将是这样一个联合体,在那里,每个人的自由发展是一切人的自由发展的条件。"② 人类社会历史的发展,在吸收人类一切文明成果的基础上,人的自由全面发展也是可以实现的。马克思理想中"美的王国",只有在社会主义经济基础上,才能做到全面的、整体的规划和建设,克服"物"与"心"的对立,以中国传统的"天人合一"的此在关系,构筑天地人的共融互生的美好情感关系。不再停留于对物的依赖,消费品将不再是商品,劳动是第一需要和自我享受,而艺术是真

---

① 费孝通:《乡土中国》,上海:上海人民出版社,2013年版,第123页。

② [德]卡尔·马克思,[德]弗里德里希·恩格斯:《马克思恩格斯选集》,北京:人民出版社,2012年版,第422页。

正的自由享受，而不是商品牟利的工具。这样的时代，也一定会到来。

今日的美丽乡村建设，需要一种当代人的文化自觉。文化自觉是一种文化的自我确证的自知之明，一种自发的文化逻辑。用费孝通的话说，"文化自觉只是指生活在一定文化中的人对其文化有'自知之明'，明白它的来历，形成过程，所具的特色和它发展的趋向，不带任何'文化回归'的意思。不要'复旧'，同时也不主张'全盘西化'或'全盘他化'。自知之明是为了加强对文化转型的自主能力，取得决定适应新环境、新时代时文化选择的自主地位。文化自觉是一个艰巨的过程，只有在认识自己的文化、理解所接触到的多种文化的基础上，才有条件在这个正在形成中的多元文化的世界里确立自己的位置，然后经过自主的适应，和其他文化一起，取长补短，共同建立一个有共同认可的基本秩序和一套各种文化都能和平共处、各抒所长、联手发展的共处守则。"[1] 多元文化相互冲突，能够以自知之明的自觉性，实现文化的融会贯通。

换句话说，美丽乡村建设看似是基础设施以及建筑物的更新换代，内在的魂魄却是文化上的思想趋向。美

---

[1] 费孝通：《费孝通论文化与文化自觉》，北京：群言出版社，2007年版，第190页。

丽乡村建设需要人才，需要一批具有文化自觉意识的人才，好比古代社会有士大夫群体一样，他们关心、支持美丽乡村的建设和生活，以独立的、成体系的文化意识，推动美丽乡村建设。

第三节　宗法民本思想的时代局限

要摆脱审美贫困，必须深入了解其形成的原因，从宗法社会的形成之初来看，则是从根源上了解审美贫困的基因。在宗法社会，人与人之间关系是不平等的，是奴役与被奴役的关系。其中虽然有不少人本主义、民本主义思想，但归根到底并没有建立起真正的人与人之间的良性关系。由于人与人之间剥削与被剥削关系，导致个人本质力量和需求的异化，最终并没有与自己的生存状态形成和谐统一关系，则是其最大的时代局限。

一、基于宗法意识形态的体制局限

农业，作为第一产业，历来是经济社会发展的重点。在宗法乡村有自己独特经济产业形态和文化特征，这都是肯定的。于是，以民为天，在儒家的思想体系中，早已萌芽出来。《尚书》中有"民惟邦本，本固邦宁"，在孟子的思想体系中，早早提出"民为贵，社稷次之，君为轻"，而后儒家士人多论及此。类似论述，都是对人本主义、民本思想的阐释，也是对其合法性的论证。刘彤说："中国传统民本思想源远流长、博大精深，是中国古代爱民、重民、利民、富民、顺民、亲民、养民等一系列思想的总称。传统民本思想起源于商周，形成于春秋，成熟于战国，发展于汉唐，完善于宋明，顶峰于明末清初。传统民本思想在两千多年的封建社会中被统治阶级视为主流意识形态，在我国古代政治生活中发挥了重大的积极影响。"[1] 民本思想是相对于君本思想而言的，以民为本、以人为本，就是整个社会的架构，应该以普通的民众作为最根本的力量源泉和构成。

　　这与儒家产生的历史背景有很大关系。儒家思想主要形成于春秋、战国时期，孔子周游各国，看到列国纷争、战乱不断，各地民不聊生、生民涂炭。在这样的时代背景下，如何治世，才是时代需要思考的重要话题。孔子一脉，给出的药方就是要梳理好人与人之间的关系，诸如仁义礼智信等规矩，可以规定出一定的社会秩序。至于汉武帝，进一步将儒家的伦理秩序观体制化，形成官

---

[1] 刘彤、张等文：《论中国共产党民本思想对传统民本思想的传承与超越》，《马克思主义研究》，2012年第12期，第104-109页。

方的意识形态，于是，儒家思想更不会关注如何创造更多的社会财富，提升社会生产力等话题了。

整个封建时代，儒家士大夫缺乏经济理性，鄙视经济活动，就是普遍现象了。回看历史，可以反思，这造成了极大的知识精力耗费。儒家士大夫享受着崇高的社会地位，接受良好的知识教育，是宗法意识形态的最大拥趸。更重要的是，他们还有稳定收入来源，如官俸以及各类其他收入。这是依靠其社会地位或者说对人的依赖，而获得的经济收入，是一劳永逸的收入。在这种体制下，儒家的士大夫努力以各种行为方式，维系着既有的社会等级和关系和意识形态。所以说，他们更看重的是在社会体系中的角色以及对社会体系的改良，而不是经济上的爆发性突破和生产力的进步。

宗法意识形态思想的形成，核心在于其塑造的士大夫阶层精神境界，身处君与民之间，关心国运，感怀家国。这是推动人类文明进步的重要精神动力，也是汇聚起中华民族璀璨文化的宝贵精神财富。当然，考虑到时代条件的限制，以历史性思维来看到，士大夫多关心精神层面的抒怀，也有在个人或小群体范围内，寻求精神的抚慰和情感的共鸣，完全忽视经济产业的发展和科学技术的改进。这种局限性，来自特定时代的限制。儒家侧重于社会关系的梳理和营造，形成稳定的社会关系结构，却缺少对于社会生产力或者说推动社会关系变革的经济力量的激发和保护。这是宗法文化意识形态的遗憾。

联系到宗法意识形态的思想形成的基本历史底色，其往往沦为一种政治上的话术，而非实际的经济生产力的效用。"在两千多年的专制社会中，民本思想一直没有被排除在官方意识形态之外，这是因为稍微明智一点的专制君主和官僚政客都深知民众在国家政治生活和王朝兴衰中有着举足轻重的地位。传统民本思想与君主专制主义的二律背反表现在理论上就是：一方面，以'爱民''重民''惜民'为核心内容的民本思想与君主专制主义的暴政形态——'残忍''贱民''虐民'的统治是对立的，历来批评暴政的人几乎无一例外地重视民本思想。"[①] 政治上的策略，往往是维护政治的稳定性，而实际上封建王朝统治下的以人为本，肯定是难以真正实现的。

宗法社会民本思想自形成之始，就是一种迥异于西方现代经济制度思想的政治意识形态。一方面，在儒家的知识结构和体系中，历来忽视经济能力的训练和培养。几乎所有的儒家士大夫都缺少农村生产生活资料的配置能力，更缺乏实际的农业经济管理和培育能力。这对于一个以宗族血缘为纽带的宗法社会而言，既可以保持经

---

① 刘彤、张等文：《论中国共产党民本思想对传统民本思想的传承与超越》，《马克思主义研究》，2012年第12期，第104-109页。

济形态的稳定性，也可以实现精神意识形态的统治性地位。另一方面，儒家的政治结构和组织中，缺少经济部门的统筹规划、配置和调度能力。历代封建王朝的政治体制设计中，很少有专门的部门统筹管辖、规划经济事务，即使如户部等机构，主要对人口以及税收进行管理，对于全国农业经济的统筹能力是相当有限的。

如此宗法意识形态下，缺乏有效的农业治理能力和治理体系，几千年来，中国古代社会的乡村，总体特征还是比较落后的自给自足的自然经济形态。这就是费孝通所说的"匮乏经济"，可以说与现代工业经济相区分开来。费孝通说："传统匮乏经济的形成有着许多条件。首先，中国是个农业国家。中国人民的生活多少是直接用人力取给于土地的。土地经济中的报酬递减原则限制了中国资源的供给。其次，我们可耕地的面积受着地理的限制。北方有着戈壁的沙漠，而且日渐南移，黄沙覆盖了农业发祥地的黄河平原。西方有着高山。东方和南方是海洋，农夫们缺乏航海的冒险性。中华腹地，年复一年地滋长着人口，可耕的可说都耕了。悠久的历史固然是我们的骄傲，但这骄傲并不该迷眩了我们为此所担负的代价。这个旧世界是一个匮乏的世界，多的是人，少的是资源。"①匮乏经济下的中国乡土社会，老百姓的生活总体来说是比较困苦的，依赖着几亩黄土求温饱，艰难地维系着生存，依赖农业的自给自足并在历史上留下浓墨重彩一笔的，是基本没有的。生产力的极端低下，却有着稳定的社会政治经济结构，这是中国古代乡土社会的典型特征。

宗法社会时期，真正的、公认的生活好似并非在外部世界中进行，而是在意识领域中。于是，宗法生活更多的是观念的生活而不是现实的生活。宗法意识形态的诗性气质和理论方向，并不适合全方位推进乡村建设，其对经济上、物质上的忽略，会导致整个乡村处于温饱线之下，就好比乡村生命体缺失了造血和成长的功能。缺失了成长能力的乡村，其生命最终会走向没落的。

二、基于宗法人生理念的思想局限

宗法社会的政治体制并没有激发社会精英更多的需求，而是停留在立德、立功、立言等事务上，人生需求和选择有限，阻碍了社会生产力的发展，更是导致乡村建设滞后。乡土中国不仅物质上贫困，精神上、审美上

---

① 费孝通:《乡土中国》，上海：上海人民出版社，2013年版，第243页。

贫困更是严重。古代知识精英唯有强烈政治意识，人生理念也就是辅助君王，实现自己的人生价值。这种人生理念，严重阻碍了个人的本质力量的发展和进步，更导致了整个社会发展的滞后。

自孔子之后，董仲舒、郑玄等历代士大夫都通过阐释经典、上书言事等方式，参与政治实践。真正能够影响政统的，唯有建立知识精英的道统。以"道"言事，甚至让政治权力服从于"道"，这是士大夫们在有限的政治话语权上的最有力的坚守。当然，"道"的话语权，毕竟是无现实的、实际的凭据，于是就有了有道则仕、无道则隐的基本遵循。如此宗法政治体制下，给予社会精英如士大夫的人生选择是非常少的，要么出仕做官，要么退隐山林。这种社会政治体制，造成严重的政治人才和资源浪费。

道隐的最佳选择也就是山野乡村了。政治权力的漩涡并不对所有人都友善，而山野乡村却可以对所有人敞开怀抱。周锡瑕说："在漫长的历史年代里，中国一直是个农业国，绝大部分人口的绝大多数时间，都必须与农村打交道。除了广大农民之外，士大夫阶层的不少人也家在农村。乡居往往是出仕的前奏，而一些'仕途失意'或在激烈的斗争漩涡中败落的人，也会在'息影田园'的幌子下，把农村作为他韬晦待时，谋求再起的'基地'

或某种心灵的避难所，就算是正在朝廷任职的官员，休沐度假，归省探亲，大多也返回农村。"① 诚然，历朝历代的赋役、徭役制度以及土地分配制度等，与社会经济政治的发展变化密切相关，对人民大众的生活也产生深刻的影响。但是，封建的士大夫就不一样，不需要缴纳各种税费，也不需要服兵役、劳役，有着固定的俸禄、各种赏赐和下级机构和官员的供奉。绝大多数封建士大夫，在经济上是足够的。所以，他们有充足的精神动力，回到乡村、建设乡村，发挥自己作为知识精英的作用。

宋代的王安石是文人士大夫，也可谓是改革政治家。在历朝历代的封建正史之中，王安石的形象是复杂的，但从今天来看，他作为农村经济的改革人物，其历史形象也是坚定而单纯的。王安石也有不少诗歌作品，也有很多值得回味的东西，如《桃源行》："望夷宫中鹿为马，秦人半死长城下。避时不独商山翁，亦有桃源种桃者。此来种桃经几春，采花食实枝为薪。儿孙生长与世隔，虽有父子无君臣。渔郎漾舟迷远近，花间相见因相问。世上那知古有秦，山中岂料今为晋。闻道长安吹战尘，春风回首一沾巾。重华一去宁复得，天下纷纷经几秦。"②

---

① 周锡䪨:《中国田园诗之研究》，《中山大学学报》,1991年版，第3期，第128—136页。

② 李之亮:《王荆公诗注补笺》，成都：巴蜀书社,2000年版，第113页。

看似在回顾桃花源的作品，实际上他对于政治的关注还是大于其他作家写桃花源的，于是，风格上显得更沉痛一些。从诗歌中可以看出，他关注的是桃源行前后的时代政治背景，这种政治家的诗法笔法，让桃源的形象更具有政治批判的味道。政治风浪中摸爬滚打的王安石，相比于普通的文人，更多历史的沧桑感和政治情怀。王安石变法虽失败了，但他也是懂经济产业的，在这首诗歌当中，以文学方式书写的桃花源的原型，必然蕴含着经济富足的政治理想和情怀。当然，这种关注是默默的、温柔的。所以，即使是雷厉风行的政治家王安石，也不得不在天下纷纷的政治漩涡中抽离出来，在桃花源中寻找精神慰藉。

庙堂之高，有烦琐的礼仪和复杂的关系，导致实际的政治利害，不断给人以一种束缚、规范和改造的压力。这是感受不到自由的。封建士大夫的人性，向乡土回归的自然属性。回到乡村，乐趣更多，人生更自在。如，卢照邻的《初夏日幽庄》："闻有高踪客，耿介坐幽庄。林壑人事少，风烟鸟路长。瀑水含秋气，垂藤引夏凉。苗深全覆陇，荷上半侵塘。钓渚青凫没，村田白鹭翔。知君振奇藻，还嗣海隅芳。"[1] 看看这位"高踪客"，深居

---

[1] 李云逸《卢照邻集校注》，北京：中华书局，1998年版，第130页。

林壑，有瀑布，有垂藤，还有耕苗和荷田，一切都是那么自在而轻松。卢象《送祖咏》："田家宜伏腊，岁晏子言归。石路雪初下，荒村鸡共飞。东原多烟火，北涧隐寒晖。满酌野人酒，倦闻邻女机。胡为困樵采，几日罢朝衣。"[①]就要"罢朝衣"，一副隐居乡村的心态。可以说，美丽而宁静的乡村，成为很多归隐士大夫的精神家园了。张禧说："所谓乡村精神家园，主要是指在长期的乡村实践中形成的。以乡村文化为土壤，并由被主体所普遍认同的文化认知、道德观念、价值理念、理想信念等要素构成的意义世界和理想境界。"[②]"精神家园能够安顿精神，寄托情感，慰藉心灵，给人以强烈的归属感、安稳感和幸福感。"[③]但这一切，都是知识精英个人的、私人的，而非普世的、社会的；其是保守的、和平的，而非进取的、改革的。

人类文明的发展，不过数百年之间，不同文化形成不同特征，白云苍狗、沧海桑田。封建统治者及其士大夫阶层，能够关心美丽乡村建设吗？显然，中国古代的

[①] 彭定求等:《全唐诗》，北京：中华书局，1979年版，第1220页。
[②] 张禧等:《乡村振兴战略背景下的农村社会发展研究》，成都：西南交通大学出版社，2018年版，第4页。
[③] 张禧等:《乡村振兴战略背景下的农村社会发展研究》，成都：西南交通大学出版社，2018年版，第4页。

美丽乡村，只能存在于封建士大夫笔下的美丽愿景，实在的产业建设等方面，必然是他们的弱项。诸如陶渊明、王维等，这是他们审美情怀生发出来的美丽乡村，与今日的美丽乡村建设，完全不可同日而语。当然，也必须认识到，古代文人笔下的美丽乡村，带有更多的人文诉求和精神家园的色彩。甚至可以说，美丽乡村的存在，可能不过是能够躲避战乱、徭役的世外桃源之村落。《三国志·魏志·田畴传》："遂入徐无山中，营深险平敞地而居，躬耕以养父母。百姓归之，数年间至五千余家。"①讲述的就是这样的历史真实。古代劳动人民尚且在躲避战乱，挣扎在温饱线之下，对于乡村的公共空间建设、美丽家园建设等方面，在特定的时代条件下，肯定是难以企及的。

在长江、黄河流域，农业社会的资源有限，土地也只能生产有限的生活资料，广大老百姓挣扎在温饱问题上，很多归乡的士大夫必然只能是知足常乐。这与西方近代文明的资本主义生产方式非常不一样。西方社会的农业曾经也是主导产业，其在漫长的中世纪宗教统治下，很少出现灿烂的文明之花。宗教权力是最高的权力，以宗教权力获取生活资料，不可能知足常乐。在近代科学

---

① 陈寿：《三国志》，北京：中华书局，1984年版，第341页。

第四章 摆脱审美贫困：乡村建设的人学机缘

冲破宗教枷锁之后，以飞快的速度，完成了现代文明的更新和生产力的极大发展。这种生产力是一种以资本为媒介不断裂变、聚变的生产力方式，其本质是剥夺性、征服式的生产方式。多数情况是，中国古代的农业生产在封建士大夫笔下，总是温情脉脉的。这就是封建士大夫的民本思想。他们对家国天下的关心，蕴含深刻的政治情怀；在政治情怀的抒发过程中，体现了对普罗大众以及自己生存状态的关注。如，苏轼《鹧鸪天》："林断山明竹隐墙。乱蝉衰草小池塘。翻空白鸟时时见，照水红蕖细细香。村舍外，古城旁。杖藜徐步转斜阳。殷勤昨夜三更雨，又得浮生一日凉。"[1] 这是写农业性社会生活的诗歌，与隐逸诗、求仙问道的山水诗歌很不一样，这是充满生活气息的田园乡村诗歌，手法深微婉曲，体现了士大夫的情怀。

民本思想在于对乡民的深切同情，对于乡间的炽热情怀，这是从乡村里面生长出来的一种思想。杜甫《岳麓山道林二寺行》："一重一掩吾肺腑，山鸟山花共友于"[2]。这位最具济世情怀的著名诗人，有着对于乡村最为炽热的感情。长孙佐辅《山居雨霁即事》：

---

[1] 邓同庆：《苏轼词编年校注》，北京：中华书局，2002年版，第474页。

[2] 仇兆鳌注：《杜诗详注》，北京：中华书局，1999年版，第1988页。

结茅苍岭下，自与喧卑隔。况值雷雨晴，郊原转岑寂。
出门看反照，绕屋残溜滴。古路绝人行，荒陂响蟛蜥。
篱崩瓜豆蔓，圃壤牛羊迹。断续古祠鸦，高低远村笛。
喜闻东皋润，欲往未通屐。杖策试危桥，攀萝瞰苔壁。
邻翁夜相访，缓酌聊跂石。新月出污尊，浮云在中舄。
常骧腐儒操，谬习经邦画。有待时未知，非关慕沮溺。①

面对自然灾害，这是对乡村老百姓最为深切的关怀。他们来自乡土中国，思想情感也寄托于乡土社会之中。从他们的诗句中，最可以直观感受到这一点。乡村的夜色非常美。唐代刘方平《夜月》："更深月色半人家，北斗阑干南斗斜。今夜偏知春气暖，虫声新透绿窗纱。"② 白居易笔下的村夜更迷人，有《村夜》诗："霜草苍苍虫切切，村南村北行人绝。独出门前望野田，月明荞麦花如雪。"③ 乡间的民谣也很动人。自诗经开始，流行于魏晋南北朝的子夜歌、读曲歌，流行于唐代的民谣竹枝词、柳枝词，就是典型的民间音乐、诗歌和舞蹈等艺术形式的结合体。所谓真诗在民间，刘禹锡、李梦阳等人，以对民间歌谣

---

① 彭定求等:《全唐诗》，北京：中华书局，1979年版，第9981页。

② 彭定求等:《全唐诗》，北京：中华书局，1979年版，第2840页。

③ 朱金城:《白居易集笺校》，上海：上海古籍出版社，1988年版，第857页。

第四章　摆脱审美贫困：乡村建设的人学机缘

深切的体悟，以艺术的提炼，赋予其美丽乡村的生活气息，寄托着对乡村生活深切的爱。还如，刘禹锡《竹枝词》："山上层层桃李花，云间烟火是人家。银钏金钗来负水，长刀短笠去烧畲。"[①] 也是表达了类似这种温情脉脉的士大夫民本思想。

这与西方的文化存在着很大的差别。中国古代士大夫的民本思想，还是一种知足常乐的民本思想，是从土地里面生长出来的民本思想。即使君子固穷，士大夫对老百姓的关心，总是与吃饱穿暖最基本的需求相关的。不可否认的事实是，中国几千年封建王朝中，多数情况下，如前所述，乡村还是徘徊在温饱的贫困线之下。杜甫《自京赴奉先县咏怀五百字》：

老妻寄异县，十口隔风雪。谁能久不顾，庶往共饥渴。
入门闻号咷，幼子饿已卒。吾宁舍一哀，里巷亦呜咽。
所愧为人父，无食致夭折。岂知秋禾登，贫窭有仓卒。
生常免租税，名不隶征伐。抚迹犹酸辛，平人固骚屑。
默思失业徒，因念远戍卒。忧端齐终南，澒洞不可掇。[②]

[①] 瞿蜕园：《刘禹锡集笺证》，上海：上海古籍出版社，1989年版，第853页。

[②] 仇兆鳌注：《杜诗详注》，北京：中华书局，1999年版，第272-273页。

杜甫出生仕宦家庭，相比于普通百姓，有名分、有地位，不纳粮租，不服兵役，尚且家里饿死幼子，生活如此，且不说广大普通百姓。如此社会境况，温饱与生存不能满足。安史之乱后，杜甫笔下的乡村，多是"十年杀气盛，六合人烟稀"①。当然，乡村也有宁静的片刻，他的《日暮》："牛羊下来久，各已闭柴门。风月自清夜，江山非故园。石泉流暗壁，草露滴秋根。头白灯明里，何须花烬繁。"②牛羊归家，石泉暗流，乡村的风月依然优美，虽此江山不是彼江山，但也是让人留恋的美好的乡村，这就是知足常乐的美丽乡村。

古代中国世俗社会体系下宗教意识的淡泊，也给民本思想预留下非常大的空间。相比于西方中世纪，古代中国从上至下对于宗教的感情是很复杂的。佛教、道教以及其他宗教风靡过一段时间，都无法替代儒教政治的核心地位。古代中国的农村寺庙以及各种祭祀场所很多，但也抵不过宗祠里面的祖先神崇拜，宗教神本论在中土没有多大市场。相比于西方社会宗教中对于来世的热切企盼，中国人更关注现世的生活。即使是宗教活动中，也掺入了不少现世的祈祷和热望。西方的佛教进入中国，

---

① 仇兆鳌注：《杜诗详注》，北京：中华书局，1999年版，第2025页。
② 仇兆鳌注：《杜诗详注》，北京：中华书局，1999年版，第1754页。

变成了政教文化下儒、释、道三教合一。这给上上下下的民本思想留下了精神上的空间，可以在此空间范围内建设自己的精神家园。宗教意识的淡薄，让民间社会更有现世生活的期许，更关注于现世的幸福和安乐。宗法士大夫的人生理念，总体来说是现世安稳的，逡巡于庙堂与归隐之间，缺少了变革的动力、发展的力量。

三、士绅阶层民本理念执行的局限

儒家的民本思想的实现机制，主要是依靠一种文化符号、精神理念的传达以及普遍认同，才得以实现的。而真正的贯彻执行，则需要一套完善的治理体系。这是一种传统的文化传承机制，与今日的现代治理体系完全不可同日而语。宗法社会民本思想，上至皇帝贵戚，下至黎民百姓，都深知并认同此理念。但真正付诸行动，则由一套完善的治理体系来完成。显然，在古代中国，这样的治理体系和治理能力，是远达不到标准的。所以孔子有这么一句话，历来被传颂，"危邦不入，乱邦不居。天下有道则现，无道则隐"[1]。真正的以民为本，需要各类政策的组合拳，需要具有高效执行力的组织机构，这在古代文献中，记录是很少的。特定时代的休养生息，并

---

[1] 朱熹《四书章句集注》，北京：中华书局，1983年版，第106页。

非有计划、有体系执行的民本思想,而是暂时的、随机出现的。换句话说,这是一种软性的文化机制,如果在生产力不够发达的时代,尚且能够应付;但若是社会发展到一定水平,人口出现爆发式增长,仅依靠这样的软性的文化治理,是远远不够的。

太平之世,往往是政统与道统唱出完美双簧。依靠儒家士大夫千百年来的民本思想文化认同以及亲自践行的理念,在口耳相传以及文字记录中,民本思想才得以真正的施行。这需要一个非常特殊的群体——士绅乡贤。这个群体最为接近乡土,与民共生,又比普通乡民有更为丰富的知识和强大的认知能力。他们是真正处于庙堂与江湖之间的乡土中国的最重要的知识构成和人才体系。早在宋代,就出现乡绅这一类的词汇,农村社会中的贤能人士已经被史料记录。"绅"的本意是指"绅带",是官服的组成部分之一,延伸借指有做官经验或做官可能的士人。所以,士绅乡贤的构成是非常复杂的,有可能是退休的官员,也可能是赋闲的士人,也可能是谪合并居的官人,还可能是努力考取功名的秀才等。

这个特殊的乡绅群体,真正发挥作用是在明清时代。作为国家和乡村社会的调节器,所谓"国权不下县,县

第四章　摆脱审美贫困：乡村建设的人学机缘

下惟宗族，宗族皆自治，自治靠伦理，伦理造乡绅"[1]。这个宗族的群体，传达着统治阶层的民本理念，维护宗族的利益。士绅乡贤们读的是儒家贤能士大夫的著作，学习的是他们的生活方式和人生信条，接受他们的话语体系和思想影响。如此机制之下，儒家贤达推崇民本思想，士绅乡贤们也推崇民本思想，给普通乡民以精神上的抚慰，以维护其思想的统治地位。这种特殊的治理机制，带有非常浓厚的人治特点，也就是依靠的是贤能、公正的绅士，来实现治理。人治的最大缺陷就在于不稳定性、不可持续性。有贤能之士绅，尚且能够维护好乡规乡俗；一旦其缺位，则给治理机制带来巨大风险。

农业社会的聚居性是乡绅治理体制生成的重要土壤。宗法社会的主要经济模式也就是依靠农业生产活动，当之无愧的第一产业，以劳动密集型为主要特征。土地所有权作为最重要的经济资源，拥有土地所有权和使用权是封建时代最重要的经济要素。显然，士绅群体由于其拥有知识与政治上的特殊资源，以及血缘族群内部的稳定传承关系，掌握了最重要的经济要素即土地权，从而拥有了在宗族的其他事务中更多的话语权。当然，任何权力都伴随着责任和义务。士绅阶层的最根本的责任和

---

[1] 秦晖：《传统十论——本土社会的制度文化与其变革》，上海：复旦大学出版社，2003年版，第3页。

义务在于维持一个依赖于土地要素的稳定的经济社会结构。稳定的基础在于道义上、理念上对占据绝大多数的普通农民群体的支持。民本思想也就这样产生，由此形成了一套传统社会的治理机制。

士绅阶层渴望清明政治，并将之抒之于怀抱，这就是民本思想的特殊表达。古代的民本思想，基本形成了知识分子与普通农民之间的精神纽带。这是一种特殊的情感表达。在西方文化中，很少有知识分子如此自觉地、执着地支持着农民群体。但是，在古代中国，这是一种文化自觉。农业国家的立足之本，也就是民本。民本思想为古代农业农村的建设起到了核心的灵魂支撑作用。具体来说，这是不同于西方文化的特点。知识分子参与农村建设，不仅是精神上的，更是灵魂层面的。由此形成了中国古代农村的社会治理机制。这般体制机制之下，普通的乡民接受着儒家民本思想精神上的呵护。士绅乡贤们传递着这样的信念和生活方式，成为一种文化上的自觉。

第五章

建设美丽乡村的
理路与实践

几千年的宗法体制，终于在科学、民主等新思想冲击下，不堪一击。历史车轮碾压下，近代文明中的科学、民主、自由等文化冲击下，整个社会的古老文化体系大厦将倾。真正的人学思想文化体系的变革悄然进行着，而国家政治体制和意识形态的变革，则变得更加的激烈和戏剧性。封建王朝的更替，也带来整个社会价值体系的深刻变化，尤其是广大农村地区，更是一步步走向衰败和混乱。更严重的问题是，大量的人才也面临新的抉择和防线。原来可以通过科举等方式，进官入仕，而清末民初的知识精英，不得不面临更复杂的局面和人生选择。士绅阶层也开始从乡村流走，原来乡村的价值体系和人伦习惯，随着新文化、大革命等词汇传入，开始面临巨大变革的压力。

乡土中国旧的文化体系衰败是历史的必然，近代科学发现，工业文明的出现以及人性的普遍觉醒，都意味着巨大变革时代的来临。思想文化上的现代化悄然进行着。新文化运动可说是伟大的思想革命，真正可谓从整个社会的思想文化层面疗救中国。唯有真正从思想上解救旧中国,有识之士早已认识到这一点。传统的封建文化,面临覆灭之灾,而建立在科学、民主之上的新思想,如马克思主义理论开始融入了中国的乡土。这并非偶然,而是社会发展到一定阶段历史的规律和人民群众的自由追求。

马克思主义科学理论是基于西方近代文明的觉醒而发现的重大成果,其中蕴含的科学文明的文化基因对文明改造具有重大作用。马克思主义科学理论指导下的乡村建设,迎来了科学和民主的曙光。马克思指出,按照美的规律来塑造,当人越来越走向自由全面发展可能的时候,也就是美的理想越来越靠近的时候。一方面马克思主义融入民族传统的现世精神中,融入感性的乡村传统中;另一方面又以其科学的理论进行指导,融入了新的生命动力和活力。这为建设马克思主义中国乡村美学范式提供了可能。

第一节　改革开放以来乡村审美镜像

美丽乡村建设是系统工程。改革开放以来，党和国家特别重视乡村建设，从其内涵和外延的各个方面，从经济到文化建设，都给予了全局性、战略性考虑。细分条缕，四十多年来乡村图景历经变迁，而其马克思主义乡村美学的灵魂，则愈发引人瞩目。基于如此事实，则需加以陈述分析。

一、城乡分立阶段的村落镜像

有学者指出，"马克思和恩格斯认为，人类社会最初自然形成的共同体，局限于狭隘的物质生产方式，不存在城乡差别，一旦农业劳动生产率达到一定水平，社会分工就会发展，引起城市与乡村的分离。"在工业化生产集聚效应下，城市规模效应成倍放大，商品经济繁荣的推动，让城乡经济、社会、文化地位完全处于不对等状态。

较低的社会生产力水平和相对封闭环境下，忙碌而淳厚的乡土风味，散播在希望的田野上，是这个时代典型的镜像。

当时中国农村社会，是一个全熟人社会的农村。"土地承包责任制使乡村日益个体化，农民的经济属性逐渐凸显，经济关系变成农民社会交往和社会团结的重要因素。""农民在农村经济合作社中集体互助协作，从家族的依附中脱离出来，变成以经济利益为主、拥有一定自由和自主的独立行动者。"①

但乡村的血脉同宗共同体，还是延续着男女种作，日出而作、日落而息。农村小家庭的收入来源，主要还是那一亩三分地。村落里面，很容易形成思想和情感的共同认同，熟人社会里面，也很容易形成同样的看法和感受。这就形成了相对固定的乡村审美风貌。

特殊时代画就了朴实、淳厚的乡风风貌，没有花枝招展的服饰，更无红绿交错的霓虹，蓝、黑二色的主色调，也在宣扬着改革初期的务实精神。"因地理环境、气候条件、风俗习惯的不同，形成了明显的文化差异和区域礼俗，体现了富有地域特征的历史记忆和世代相传的文化基因。乡村文化蕴含的'以人为本'的主体精神、'刚柔并济'的坚忍精神、'和而不同'的包容精神等，已深深扎根于中华民族的文化基因，构成了城乡文化共同的核

---

① 闫坤:《乡村振兴战略的时代意义和实践路径》,《中国社会科学》,2018年第9期,第49-59页。

心价值理念和精神源泉。"①

中华民族"富强""和谐"等核心价值观，在乡土社会中凝聚，同样，扎根于人民群众生活中的审美精神，也在乡土社会中升华。这里呈现的三方面的特点，值得讨论一下。

一是乡村审美文化活动，注重功能和实用，与生产劳动相结合。诸如秧歌、秧舞等艺术形式，成为主流的审美活动。还有不少乡土文学，诸如故事、传说、民歌、民谣等，流传于乡间，口头创作和传播。绘画、剪纸、雕刻、刺绣、年画、印染等民间技艺被重拾起来，成为农忙间隙或休憩时重要艺术活动，"在所有这些文学艺术的创作及其对事物的审美掌握中，生产、生活的意识与审美意识是交织在一起的。并且，生活意识多处于主导地位，制约和引导着审美意识。"②这个时代，唱山歌、哼小调，打腰鼓、跳舞蹈等，成为闲暇时间的审美追求，而写对联、唱大戏、赛龙舟等，则是节日庆典上的重要内容。

二是与乡镇企业和个体户工商户相结合，民间技艺

---

① 甘娜，汪虹成，陈红利：《农业经济》2019年第11期，第69-77页。

② 刘志刚，陈安国：《乡村振兴视域下城乡文化的冲突、融合与互哺》，《行政管理改革》，2019年第12期，第60-65页。

和工艺品等，开始走上市场，赢得时代的青睐。以公有制为主体，商品经济也得到充分尊重和发展之后，我国经济现代化步伐加快了。于是，乡镇企业慢慢发展起来。市场化逐步放开后，如农村婚嫁中出现的家具、脸盆等，都印上了漂亮的图案；诸如闪烁的彩灯、红绸等装饰品，已然在农村普遍出现；还如西南农村地区普遍存在的土泥墙、茅草屋，也慢慢被砖瓦结构所替代。

三是新时期自由化浪潮下，人口的自由流动，引动整个时代审美变迁。很多知识青年有过农村生活的经历，在多愁善感的年龄，恰逢寻根文学、乡土派等文学涌动，以及港台流行音乐、舞蹈的输入，让这个时代年轻人情感特别丰富，思想异常活跃。不承想，在文化沙漠上，已然蔚然成荫。独立生活的苦衷，一无所有的生活窘境，又侵占着他们的情感空间和人生追求。广大农村有限的资源，以及落后的自然经济方式，已经无法承载无数农村年轻人的梦想和生活。跨时代的巨变，将随着这帮年轻人的"出走"，迎来新的局面。

二、城乡统筹阶段的审美转向

对于20世纪90年代的农村年轻人来说，最大的改变就是可以到大城市、沿海城市去工作甚至扎根生活了。

这是一场人口迁移运动。驱动这场运动的，就是改革开放政策以及沿海城市的对外贸易优势。中国广大农村不用再承载过剩的劳动力。农村年轻人也慢慢开始脱离低效率、低收入的农业生产活动，而选择外出打工。这将对农村的面貌带来巨大改变。

城乡人口的流动带来很多问题，常回家看看，成为这个时代熟悉的话语，同时，也形成了这个时代乡村审美镜像：对都市审美风格的追随和模仿。不经意间，中国农村慢慢改变其固有格局，不再是稳定的宗亲共同体，共同劳作、共同生活，在一个村落里终老，而是大量年轻人外出打工，再以衣锦还乡的方式，回乡建房、娶亲等，对于无数普通的家庭来说，这彻底改变了小家庭的生存方式，也改变了一代人的生活轨迹。

这个时代中国广大农村审美风貌，可以从如下三个方面引申说明。

第一，从城市到农村，中国广大农村地区的基本面貌、人居环境发生巨大转变。当外出打工的年轻人，在经济情况宽裕后，先想到是回乡，要修建小洋楼、购置好家具了。人们不再希冀于躬耕田野，而是进入大城市寻找机会。这一代年轻人从小在农村长大，对家乡、对乡村有深厚的情结和归根意识，以及家里人的牵挂，更愿意回到家乡，回归乡村。

举例来说，农村面貌的彻底改变，最为明显就是中国农村的建筑物变得更漂亮了。建筑物的面貌，决定了村落的面貌，是村落最主要的组成部分之一。中国农村的建筑，自古以来，没有形成自己独立的风格，主要还是以牢固、实用为目的。至于装饰和漂亮，则是一些深宅大院才讲究的。改革开放后，广大老百姓以极大的热情和积极性，投身到农业生产中来，过上了勤劳致富的日子。房屋等建筑物的修建和装饰，成为每家每户的可能。

农村青壮劳动力大量涌入城市，城市里面的稳定收入、"铁饭碗"总是让农村人羡慕的。当然，还让人羡慕的是城市里面的居住环境，干净、整洁而方便，特别是大城市林立的高层楼房，不仅遮风挡雨，还特别美观、漂亮、牢实。本来中国的城市建设，多是模仿苏联的建筑风格。国内各地很多工厂、学校以及住宅区，都是模仿苏联的建筑风。随处可见的类似小盒子一样的砖混结构小洋楼，现在看起来，也只能说是实用些，当时却是整个时代的审美风尚。全中国一个模样的砖混结构小洋楼，贴上白色瓷砖，勾画了中国农村绝大部分地区基本面貌。如果哪一户人家没有推倒土墙建筑，建起砖混结构小洋楼，男性的婚恋问题就无法解决。这种砖混结构的二层小洋楼，标识了那个时代的经济水平和审美品位。

砖混结构的二层小洋楼越来越多，坚固、结实而美

· 289 ·

观的屋子里面，家具等陈设越来越美观，人们有了彩色的床被和衣服，有上漆的衣柜和桌椅，有彩色的脸盆和其他生活用具等。费孝通曾预言，人均消费达到一万元时，人们就会追求生活、用具等方面的艺术化。时代迅速发展，特别是市场经济引领下，大量的城市日常用品，流入农村，引领着农村的审美生活和时尚价值体系。从城郊接合部，到广大的农村地区，城市的一切物品都可能以各种方式扩散开来，在兼顾实用性的同时，都呈现出类似城市以及城镇的审美特点。

当然，农村是自有其美感的，真正的美是难以模仿的。中国农村不可能也没有必要全部都建设成大城市的样子。在这一轮中国农村面貌的改变过程中，一味地跟随和模仿，必然会导致农村失去了其本来的美感和乡愁。在市场化的大浪潮下，广大农村本来也有不少的物质文化遗产，诸如部分乡间民居、历史遗址以及名人故居等，都遭到不同程度的无视和破坏。更严重的是，个别地区工业化、城镇化发展过程中，忽略了生态文化建设，毁林毁田，烧山开矿等，原本的不少乡土美，失去了炊烟袅袅的乡愁和味道。

第二，从城市到农村，在半熟人的乡村社会里，人们的日常生活、审美趣味、时尚价值体系发生巨变。如果说城市的建设，影响着农村的人居环境，那么，城市生活方式的转变，也深刻影响着农村人的精神世界。可以说，跟随、模仿城市化的进程，不仅改变了农村的面貌，也重构了精神价值观念和审美品位。最主要的表现就是饮食、穿着以及音乐、舞蹈等文化精神追求方面，也发生了巨大的改变。

从农村向城市的人口流动，构成了这个半熟人农村社会的基础。人们不再是日出而作、日落而息的原始耕作生产。即使在农村，工种也变得更加复杂而细分。日益复杂的社会生产，让人口的流动范围更大、频率更高，人们早已不再是穷其一生，居于一个村落，而是有了外出定居的无限可能。一个村落里面，彼此不相识的可能性出现了。农村的半熟人社会，让人们有了更多自由、独立发展的可能。

内部精神世界的重构，本是非常复杂的过程，但随着农村的广播、电视、录像机、电影等娱乐产品广泛出现，并进入寻常百姓家，这种精神重构就变得异常快了。特别是进一步扩大改革开放后，港台文化吹入内地，引入农村，这种精神文化世界的重构，可谓是颠覆性的。人们可以更多了解花样世界，感受世界的变化。

与此同时，"常回家看看"，是这个时代彼此的问候语。但凡有能力的农村的年轻人，都到大城市去了，农村面临的问题也很多。由于经济发展很快，人民的生活水平提高得也很快，思想变得更加活跃、观念变得更加多元，在这个时代出现了思想大飞跃、观念大碰撞。于是有些人的价值观出现问题了，思想没有善恶、行为没有底线，违法乱纪、缺德烂事都敢干，是非对错观念淡漠，不问美丑、不知好坏等现象层出不穷。可以说，这是一个精神文化急剧变化的时代。

乡村文化也面临侵蚀的危险。中国特色美丽乡村建设，不仅要提高物质生活水平，还要满足精神生活需要。中国最广大农村地区的农民群众，怀抱对美好生活的向往，以及经济、社会发展水平相对较低的现状，已成为解决当前社会矛盾的聚焦对象。但是，有学者指出，"乡土文化成为商业资本追逐利润的工具。例如，有的地区在经济利益的驱使下，制造新闻效应，博取眼球，乡土文化中真正需要被传承与发扬的道德、礼仪、价值规范反而被弱化。这种将乡土文化单纯作为商业资本的做法，不仅是对乡土文化的轻薄和歪曲，也丧失了传承的初心。保护历史遗迹，歌颂名人是值得鼓励的，乡村通过一定方式提高地区影响力、知名度，招商引资也是无可厚非的，但如果把握不好经济发展与文化保护平衡的尺度，出现唯'名'是图、唯'利'是图、虚假和过度宣传等现象，不仅欺骗消费者，损害乡土文化的形象，而且会进一步造成乡土文化的异化。"[1] 这种局面需要迅速改变。

第三，在农村日常生活层面，空心化现象日益严重，广大农村的精壮劳动力越来越少，闲散劳动力越来越多，广大农村的硬件条件、精神文明建设，缓步向前，面临的挑战越来越严峻。新农村建设是党和国家的重要战略部署之一，面临各种复杂问题，生产要发展，生活要富裕，乡风要文明，村容要整洁，建设社会主义新农村，成为一个时代的紧迫任务。可知，农村的各种问题严峻地摆在了时代面前。

广大农民的生活水平已经得到极大的提高，对美好生活有了更高水平的向往和追求。然而，绝大多数农村地区，仍然面临着农业生产水平低下以及农村劳动力极度短缺等问题。但这阻挡不了农村闲散劳动力对精神文化生活的向往，在个别农村地区，每逢婚嫁节庆，都有自发组织的商业性表演团体，也有民间的歌舞厅出现。

广大的农村地区老百姓仍然在翻修自己的房屋，在房前屋后忙活着自己的居住环境，村间道路更宽阔了，村落变得越来越整洁和漂亮了。村民们以自己对美的朴素理解，以最实用方式，对村落环境进行着美学改造。

都市文化在市场大潮下，也存在不少问题。这些问

---

[1] 曲延春，宋格：《乡村振兴战略下的乡土文化传承论析》，《理论导刊》，2019年第12期，第110—115页。

题,都在不同程度上影响着乡村文化的发展和建设。都市文化消费主义盛行,机械化生产、快餐式消费,风靡文化市场。"随着全球化的发展和互联网技术在全球范围内的传播,现代社会开始蔓延起了一股'消费主义'之风。市场经济背景下中国的乡村社会也不可避免地发生了一系列转型,城乡一体化的迅速发展给乡村农民带来了价值观方面的强烈冲击,大众文化开始在乡村中发展起来。"①

农村文化中也出现了低俗、媚俗的情况,搜奇猎艳、低级趣味的文化生活。很多乡村文化生活,侧重于单纯感官娱乐,脱离了真善美的精神快乐。经济上的贫困局面稍有改善后,审美上的贫困问题日益凸显。"现代化和城市化的发展,使得农村的生活方式、思想观念发生转变,传统的乡土文化遭受变异、瓦解等危险,道德秩序遭到破坏。村民狂热追逐物质利益,乡贤文化不断流失,导致人际关系松散,传统文化价值失范等现象频繁发生,文化共识处于空白期,文化失忆现象急剧增多。世俗文化、享乐主义充斥着乡村社会,乡村共同体的文化基础逐渐离散化,对和谐社会管理、经济文化发展产生负面

---

① 盛乐:《消费语境下乡村文化的范式建构与审美逻辑》,第100—102页。

影响。"[1]

大量的农村知识精英出走，是造成商品经济条件下农村文化消费主义盛行的重要原因之一。一方面是城市化进程不断加快，另一方面是大众传媒技术不断更新，都为娱乐、消费文化在城市与农村之间的传播提供更好的条件。更重要的是，文化产品不断市场化、商品化，文化的流通也按照商品规律来运行。造成的情况是，一方面，高雅艺术本来离下里巴人很远，而经济规律的加持，更是制造了不可跨越的审美鸿沟。

美丽乡村的建设，不仅是一项塑形的工程，还是一项铸魂的任务。伴随着改革开放在我国的如火如荼地进行，城镇化建设的持续推进，信息时代的来临，等等，跟随着城市的步伐，中国广大农村的审美趣味不断转向，在转向中调适，在调适中寻访精神乐园。

三、城乡融合阶段的审美升级

改革开放的浪潮中，广大农村地区紧紧跟随着城市的发展步伐。随着房地产等产业的迈步向前，城市规模进一步扩张，吸引更多的资源往大城市聚集。市场化条

---

[1] 甘娜，汪虹成，陈红利:《农业经济》，2019年第11期，第69—77页。

件下农村的可利用资源越来越少，特别是青壮劳动力的出走，更是让农村陷入了老龄化、空心化的趋势中。城乡关系的对立和冲突日渐加剧，特别是乡村文化的独立脉络、乡村治理的艰巨任务以及乡村独立精神，都受到了严峻的挑战。城乡二元结构的趋向越来越明显，城乡融合发展的道路也越来越吸引人。

农业作为第一产业的发展问题，是一切问题的核心，也是建设美丽乡村的核心关切。这不是简单的城市的产业转向农村的问题，而是如何让第一产业提档升级的问题，也是三产融合的重大时代课题。特别是农业发展与服务业、旅游业等融合发展，为城乡融合发展提供了不少新的思路和方法。城乡融合发展，并不是把城乡建设成一个模样，而是要各自发挥其优势，发展其各自的独立精神。

特别是一些根深蒂固的问题，包括建设美丽乡村等问题，都可能在其中得到一些启发。"就当前我国乡村社会而言，虽然经过社会主义新农村建设、美丽乡村建设和精准扶贫等一系列重大工程和计划的实施，乡村长期贫穷落后的面貌有了一定改观，也为实施乡村振兴战略奠定了良好的基础；但城乡发展的巨大差距、农业农村短板、城乡二元结构仍没有得到根本转变。"[1]所以,全社会持续推进融合发展,成了一条可行之路。

这里有几个新情况出现了,需要说明下。

第一,乡村振兴战略。对于乡村振兴战略的背景、意义以及具体的部署,这里不作过多转述,作为新时代的重要战略部署,对于建设美丽乡村,毫无疑问,是具有重大意义的。举例来说,产业兴旺是建设美丽乡村的最基本条件之一。单一的产业,很容易陷入被动局面,也不容易实现产业跃迁。可以看到,在很多自然旅游资源禀赋比较丰富的地区,已然发展出自己的特色产业,有农旅结合的、文旅结合的,还有林旅、渔旅结合等。根据各地实际情况,发展特色产业,筑牢经济基础,才能实现乡村的华美蜕变。

《国家乡村振兴战略规划(2018—2022年)》也提及"让居民望得见山,看得见水,记得住乡愁"。中国广大农村都有自己独特的山水资源禀赋,这能够塑造出其独特的审美特性。生态保护工作与乡村美学之间具有天然的联系。唯有乡村的生态健康、良好,才有审美的可能,而美丽的乡村建设,也能促进乡村的生态维护。两者之间是辩证统一的。所以,青山、绿水的生态乡村,才最

---

[1] 杨洪林《乡村振兴视野下城乡移民社会融入的文化机制》,《华南师范大学学报》(社会科学版),2019年第一期,第21-23页。

能引起人们对于家园的依恋情怀。

乡村美，不仅在于青山绿水，还在于人情冷暖，或者说乡风淳朴而文明。人们总是感叹于某地民风淳朴，未受商业利益的侵蚀，而不知乡风的形成，是非常漫长而复杂的过程。乡村原本可能是世外桃源，人们友善相助、老幼扶持，怡然自乐，然而，正因为其淳朴，也很容易被商业大潮挟持。可知，具有地方特点的乡村文化的建设，提升乡村软实力，是非常重要的。"故人具鸡黍，把酒话桑麻"场景，也是让人着迷的。

如何对乡村进行有效治理，是重大的时代课题之一。乡村的治理是有效的干预，以合规的、良性的约束，促进乡村实现振兴。建设美丽乡村，摆脱审美的贫困，与乡村治理的内在逻辑是一致的。建设美丽乡村，摆脱审美贫困，离不开有效的乡村治理，可以说，有效的乡村治理是建设美丽乡村的前提条件和客观基础。

很长一段时间内，中国农村的最大难题之一，还在于经济贫困问题。经济基础的问题解决好了，很多问题也就迎刃而解。包括摆脱审美上的贫困的题，甚至也可以部分得到缓解。老百姓的生活富裕了，精神上的追求会更多，文化上的向往也会更丰富。当前的脱贫攻坚战略，主要也是解决处于偏远农村地区的贫困人口生活问题。摆脱经济贫困，过上富裕的生活，是时代的紧迫任务，也是建设美丽乡村的重要基础工作之一。乡村振兴战略的时代任务，也是建设美丽乡村的重要契机。面临这个紧迫的时代任务，建设美丽乡村，可以与之协同共进、相映生辉，以建设美丽中国。

第二，新媒体和智能技术的快速进步。相比于历史上任何一个发展阶段，在新媒体和智能技术高速发展过程中，在城乡融合发展上，有了前所未有的新契机、新机遇。新媒体和智能化建设迈入乡村，已然是时代的趋势了。这是一个关乎乡村发展内在灵魂的问题。曾经的中国乡村，不仅物质生活贫乏，娱乐活动还极度匮乏。当乡村里面出现了电灯，后来出现了电视、录像机的时候，好多家庭都可以围在一个院子里，一起看电视剧，一起聊天，其乐融融。然而，时代的迅速进步，很多年轻人已经放弃单调的电视、录像等，新媒体特别是移动智能设备的出现，彻底颠覆了人们的娱乐方式，人们可以前所未有方便地接受外来一切信息。这改变了中国乡村的娱乐方式，也改造了乡村的精神世界。

一方面，农业生产生活引入智能化设施设备之后，可以对一切的农业生产生活进行数据监控和信息处理，比如检测水分含量、空气湿度以及土壤肥力等，包括农作物的一切生长过程，都可以进行数据化监控，这极大提高了农业生产水平和效率，节约了土地资源，维护了生态效益。绿水潺潺、青山巍峨的乡村图景，在智能化的设施设备的呵护下，会变得更美丽，更吸引人。另一方面，各种智能的设施设备走进了农村的千家万户，融入日常生活中。广大普通老百姓也可以用上智能家电、智能手机，特别是移动智能手机的普遍使用，在年轻人那里形成新的生活习惯，这彻底改变了他们的娱乐和生活方式。

中国乡村可以比任何时候更多地接受外来信息，在移动互联网的影响下，中国农村仍然可以实现与外界的无限沟通和交流，这给予了中国农村改变和发展的无限可能和希望。与大城市的集约化生产生活不一样，农村地区地广人稀，在信息化时代，既有优势也有劣势。由于社会化大生产的集聚效应和分工特点，劣势在于信息化技术资本的进入比较迟缓，规模也不大，致使农村的信息化建设远远落后于大城市；一旦基础设施铺设完毕，优势则在于信息化建设的反馈效应比较明显，很容易达成建设成果。如森林、河流以及饮水、蔬菜等数据化监测，形成农业各个领域的大数据分析效应，为科学治理提供有效支撑。同时，广大新型职业农民，也可以利用好信息技术和数据集成，以更好地建设美丽乡村。曾经风靡一时的有机农场，即是信息技术运用于农业生产的例证。

当中国农村与外界甚至世界其他各地农村开始接触

之后，其迫切改变自身的需要，以及追随和模仿能力，也就凸显出来。这涉及方方面面。从建筑风格来说，在南方不少的农村地区，出现模仿各种风格的农居建筑，比较明显的是欧式罗马建筑等。还有普通百姓的生活习惯、穿衣风格、美食料理、娱乐方式等方面，都可以模仿和学习世界其他地区的风格。这是一个迅速全球化的时代，包括曾经封闭的农村，也迎来了机遇。

信息技术对农村的影响，还可以阐述一种特例。很多农村地区保留下来了一些古朴的、具有历史价值的物质遗产，比如历史遗址、文化故居等。在信息化时代，这样的美好事物，很容易走向世界，被发现、挖掘和保护。广大村民也自觉形成了文化遗产保护意识，甚至可以开发为旅游资源，形成该地区发展的产业亮点。

面向世界开放的中国农村，可以无限可能地塑造自己，改变自己，提升自己，特别是对于美的追求，在星星点点的闪现中，中国农村也会变得越来越漂亮。

第三，城市人口开始回流，城市资源对农村产生反哺效应。曾几何时，谁会想到，农村也会成为文化精英向往的地方呢，现在这种情况已经成为事实。"我国改革开放四十多年来，农村人口在快速工业化、城镇化的大潮下流动频繁，大批农村劳动力尤其是作为乡村中坚力量的青壮年和新生代农民向城镇迁徙和转移。"①但是，随着城市资源的满负荷运转，以及农村本土独特性的发现，人性向土地回归的本能，开始被激发出来。这种回归不是物质上索取驱动回归，而是精神上的认同、文化上的融合带来的回归。同声共振的文化认同，才能让文化精英回归乡村。

文化精英的回归乡土，让中国农村可以真正地摆脱审美贫困，实现振兴。这意味着中国农村新生力量的出现，且是通过迭代效应实现的，是时代潮流不可逆转的趋势。中国广大农村是有很多吸引人性本能的优势，如慢生活、忆乡愁等，这种乡土的情怀，是很多在大城市里面疲惫的年轻人所珍视的。这种回归，也是真正意义上的精神家园的回归，比以往年轻人的衣锦还乡或是回乡建房娶媳妇，是更为有建设意义的回归。很显然，城市里面的文化精英开始回流到农村后，带来了新的审美理解和表达，新的生活方式和审美理想。

人类社会历史发展进程告诉人们，城乡二元结构必将消失在历史的洪流中。城市与农村的融合发展、互哺效应会越来越趋近，城乡共同体的概念也将深入人心。"我国实现城乡融合首先需要解决的是乡村内部个体之

---

① 刘志刚，陈安国:《乡村振兴视域下城乡文化的冲突、融合与互哺》，《行政管理改革》，2019年第12期，第60-65页。

间、个体与共同体之间的融合问题,这就要求我们在新时代的乡村建设过程中,遵从马克思'真正共同体'的理论指导,建设一个自由平等、人人互惠、利益共享、和谐共处、责任共担的乡村共同体。"[1] 共同体意味彼此的文化认同和价值共享。

对美的追求和向往,对精神家园的渴望,是人性共通的,似乎在踏实的田野上,才能感受到生命最原始的意义和企盼。自现代工业文明高速发展以来,给人类带来绝大财富的同时,也摧毁了不少所谓美好事物,社会化大生产条件下,工种细分以及角色的单一,使人失去了很多原本的机能,丰富和真实的性情也在社会分工下变得单一。繁荣的商品经济,带来的财富崇拜和金钱至上主义,也会湮灭人性的真实自然,失去精神寄托和向往。于是,对于美的向往,对精神家园的渴盼,比任何时候都变得更强烈。

对美的追求和向往,对精神家园的渴望,也是全人类共通的。中国乡村的美丽人生或生活,也可以走向世界,向世界展示中国乡村的美好。新媒体、短视频等信息技术,让中国的审美文化表达,很容易走向世界。在全球化时代,曾经四川绵阳的一个小女孩,通过分享静

---

[1] 甘娜、汪虹成、陈红利《乡村振兴背景下"五位一体"乡村共同体建设路径研究》,《农业经济》2019年第11期,第69-77页。

谧、美好乡村生活的短视频,迅速成为世界各地年轻人追逐的热点,让各国很多人着迷,在不经意间,她成了中国乡村文化传播大使,向全世界安静地诉说着中国的乡土文化。

大城市的文化精英们,在回归乡土的过程中,完全是可以找到自己的精神家园,也可以自己的文化知识,改造乡土。曹萍说:"改革开放以来,中国乡村社会经历着前所未有的嬗变。一方面,农村物质生产力快速发展,脱贫攻坚战取得决定性进展,农民生活水平显著提升。另一方面,城市化、工业化和现代化进程迅猛推进,重构着乡村社会的价值体系和文化观念。新时代,如何贯彻乡村振兴战略,更好地延续乡村文脉、留住乡村记忆、承载乡恋乡愁?既要建设好物质家园,更要建设好精神家园,让乡村文化重新焕发生机,让乡村魅力不断得以彰显,让乡村真正成为人人向往的故乡。"[1]

所以说,即使时代迅速变迁,对于乡村美的追求,仍是人类永恒的主题。

---

[1] 曹萍,李艳,王彬彬《乡村振兴视域下乡村精神家园构建研究》,《内蒙古社会科学》,2019 年第 6 期,第 194-199 页。

第二节　建设美丽乡村的基本理路

摆脱审美贫困，实际上是关于人的工程，特别是人的精神自由工程。不同于经济的异化，审美的贫困归根到底是精神的异化，其深存于人的内心深的意识领域，是对美的曲解和异化。这种情况下，"美"是一种外化于人本质的东西，是异己的、非人的对象，是本质生命的外化，变成抽象的、异己的东西。马克思关于人的自由的相关论述，是与美的认知相伴而行的，是对现实生命体的最大人文关怀。

更重要的是，马克思哲学历来被很多学者指摘的方面就是对人的超越性或形而上的追求关注不够，认为其以"实践"来建构人与世界的关系，突出了人的主体性精神和地位，而缺失了超越性彼岸世界、精神关怀。然而，马克思主义中国化以及与优秀传统文化的融合，且有效地补充了对超越性人生价值和精神关怀的不足。不同于西方宗教文明依靠唯一神来构筑彼岸世界的天堂，中华优秀传统文化则以山水田园文化或泛神思想体系来化解人的现实焦虑、彼岸关怀等方面。这是人类文明史上非常重要的文化互补。

一、尊重人的需求自由

人的需求是供应链的最基本、原始动能。人的需求包括物质需求、精神需求以及审美等其他需求。马克思主义对人需求的起源、本质、规律的重要论述，为当前马克思主义乡村美学的提升，提供了人性复归、需求拓展、情感共振等价值层面的重要启示。需求是人生存本质层面的最重要要素之一，需求的意义和层次根植于人生存的本质意义；而乡村生活中人的需求，则更能提升人的生存的本质意义。

需求并非孤立、静止的，不同时代和社会、民族和国家有不同需求。对于需求的问题，人类社会的发展充满了戏剧性。古希腊，人类思想中始终贯彻的理性主义、神性主义的趋势，对理智或神性的需求成为社会精英的主导，整个漠视或忽视人的欲望、生理需求等。直到近代科学发现以及文艺复兴以来，作为人的生理性需求越来越受到重视，欲望、意志等重新发现，开启了新的文明形态。人的需求不仅是认识论的、理智派的，还是心理性的、生理甚至梦境的。人的全方面需求随着社会发展水平，得以全方位的实现并拓展。

如仅是物质需求，还是比较克制而简单的，需求自由是容易实现的。因为人的需求可以由原始本能的自由

第五章 建设美丽乡村的理路与实践

需求和社会性的欲求构成。人最根本的保障自然是原始的自然需求。自与世界有关系始，人类就为此而不断进化，而后发展出社会性无节制、泛滥的欲求，古代很多伦理学家就提出了这种败坏美德的行为，现代商业社会更是助长、诱导了这种任性的欲求，甚至错误地把需求自由与这种欲求的满足等同起来，最终导致人与世界关系的混乱。不仅人深陷于低级物欲反而不自由，自然世界也为资源不断被滥采、滥伐而付出难以修复的代价。

首先，关于尊重人的需求理论，是建立在满足物质需求的基础的。马斯洛的需求层次理论曾深刻影响着很多人，需求作为人类"看不见的手"，深刻影响着社会生活的各方面。如今，人的需求得以前所未有的拓展，那什么需求是最基本的呢？对于人类最基本的需求，不同时代、民族和学者有不同的回答。如自柏拉图以来的很多哲学家，普遍认为人的最基本需求来自精神层次的"理性"，主智派把人类对世界的认知放在了第一位，坚持理性主义，认为这是人最基本的需求之一。更有很多神学家坚持的神性论，把人的需求建立在对神的信仰和依赖上，以神或宗教的需求为第一需求。近代以来包括经验主义学者，对人的生理、心理需求给予极大重视，如弗洛伊德的生物本能说法，尤其是人的性欲成为主导一切的力量源泉；还有唯意志论学者，如叔本华、尼采等人，高扬人的欲望和意志，将之作为本体来分析研究。这些观点和看法，在某一个侧面或特殊历史时空下，都有合理成分。然而，以深邃的历史全过程审视之，则不能完美解释和说明人的最基本需求的问题。

马克思主义需求理论的产生，是基于近代科学发现以及包括进化论在内的人类思想各方面成熟成果基础上的，其以人的本质对象化理论，通过实践来不断改造人与世界的关系。马克思肯定人是自然存在物，人与人的关系蕴含于人与自然的关系中，表现了人类的教养程度，因而具有类的本体特征。他说："人和人之间的直接的、自然的、必然的关系是男女之间的关系。在这种自然的、类的关系中，人同自然界的关系直接就是人和人之间的关系，而人和人之间的关系直接就是人同自然界的关系，就是他自己的自然的规定。因此，这种关系通过感性的形式，作为一种显而易见的事实，表现出人的本质在何种程度上对人说来成了自然界，或者自然界在何种程度上成了人具有的人的本质。因而，从这种关系就可以判断人的整个教养程度。从这种关系的性质就可以看出，人在何种程度上成为并把自己理解为类存在物、人。男女之间的关系是人和人之间最自然的关系。因此，这种关系表明人的自然的行为在何种程度上成了人的行为，或者人的本质在何种程度上对人说来成了自然的本质，他的人的本性在何种程度上对他说来成了自然界。这种关系还表明，人具有的需要在何种程度上成了人的需要，也就是说，别人作为人在何种程度上对他说来成了需要，他作为个人的存在在何种程度上同时又是社会存在物。"①这段论述深刻阐明了人与世界关系的相互对象化本质，人的需求成了改造自然的需求，而自然世界的需求则成就了人的本质需求。在这样的互动关系中，人需求的内涵得到了极大的拓展，可以说拓展为人自身发展的需求、类发展的需求。

根据马克思对人类发展以及社会本质的基本论述，物质生产实践活动是最基本的。人首先要满足的是自身吃饱穿暖的问题，也就是物质需求问题。基于如此对象化关系的认识，马克思关于人的需求最基本的是物质层面的需求。乡村经济建设可谓是第一产业，其作为最原始、最基本的物质生产活动，在满足人的基本需求上是第一位的。

其次，关于人的需求理论，抛弃利己主义的。人人皆有需求，且其天性具有利己冲动，尤其是在不断的社会实践中，由于人人本质力量的差异，是助长了利己的本能。在社会实践中，往往是需求驱动人的本质的提升。

---

① [德]卡尔·马克思,[德]弗里德里希·恩格斯:《马克思恩格斯全集》，第42卷，北京：人民出版社，1979年版，第119页。

马克思说:"在社会主义的前提下,人的需要的丰富性具有什么样的意义,从而某种新的生产方式和某种新的生产对象具有什么样的意义。人的本质力量得到新的证明,人的本质得到新的充实"①这种新的证明和充实,在与他人的竞争中,很容易走向利己主义。马克思提倡的是基于共产主义的需求理论,反对一切私有条件下的利己主义的需求。

利己主义的、私有制条件下的需求,则是另一番图景。马克思说:"每个人都千方百计在别人身上唤起某种新的需要,以便迫使他作出新的牺牲,使他处于一种新的依赖地位,诱使他追求新的享受方式,从而陷入经济上的破产。每个人都力图创造出一种支配他人的、异己的本质力量,以便从这里面找到他自己的利己需要的满足。因此,随着对象的数量的增长,压制人的异己本质的王国也在扩展,而每一个新产品都是产生相互欺骗和相互掠夺的新的潜在力量。"②这就是他人的需求成为支配他人的异己力量。异化,是对人本质力量的非对象化,私有制条件下的需要,受到激烈的批判。马克思说:"这

---

① [德]卡尔·马克思,[德]弗里德里希·恩格斯:《马克思恩格斯全集》,第42卷,北京:人民出版社,1979年版,第132页。
② [德]卡尔·马克思,[德]弗里德里希·恩格斯:《马克思恩格斯全集》,第42卷,北京:人民出版社,1979年版,第132页。

种异化也部分地表现在：一方面所发生的需要和满足需要的资料的精致化，在另一方面产生着需要的牲畜般的野蛮化和最彻底的、粗糙的、抽象的简单化，或者毋宁说这种精致化只是再生产相反意义上的自身。"① 利己主义，或是私有制，在马克思看来，会带来灾难性后果，"私有制使我们变得如此愚蠢而片面，以致一个对象，只有当它为我们拥有的时候，也就是说，当它对我们说来作为资本而存在，或者它被我们直接占有，被我们吃、喝、穿、住等的时候，总之，在它被我们使用的时候，才是我们的，尽管私有制本身也把占有的这一切直接实现仅仅看作生活手段，而它们作为手段为之服务的那种生活是私有制的生活。"② 又说："一切肉体的和精神的感觉都被这一切感觉的单纯异化即拥有的感觉所代替。人的本质必须被归结为这种绝对的贫困，这样它才能够从自身产生出它的内部的丰富性。"③

显然，马克思关于人的需求，是必须抛弃利己主义

---

① [德]卡尔·马克思，[德]弗里德里希·恩格斯:《马克思恩格斯全集》，第42卷，北京：人民出版社，1979年版，第133页。

② [德]卡尔·马克思，[德]弗里德里希·恩格斯:《马克思恩格斯全集》，第42卷，北京：人民出版社，1979年版，第124页。

③ [德]卡尔·马克思，[德]弗里德里希·恩格斯:《马克思恩格斯全集》，第42卷，北京：人民出版社，1979年版，第124页。

或私有制的，倡导基于全体社会人共同需求的互惠主义。他说："人具有的需要在何种程度上成了人的需要，也就是说，别人作为人在何种程度上对他说来成了需要，他作为个人的存在在何种程度上同时又是社会存在物。"①社会的互惠程度，反向决定了异化的程度。一方面，乡村社会的协作特性与工业时代的城市不一样，更具备互惠的可能和趋势；另一方面，乡村服务业的发展，特别的互助性质的服务业如雨后春笋般出现，进一步提供了乡村互惠的可能，可以说，乡村社会的需求，决定了很多人的本质力量发展的高度。

最后，关于尊重人的需求理论，是建立在平等、自由与和谐之上的。乡村社会的生产关系，根据其需求关系，须是建立在平等、自由和谐的关系基础上的。这是一种基于生产劳动实践的协作关系，而非压迫剥削关系。"通过人并且为了人而对人的本质的真正占有"，而不是本质被外物、外人所占有，马克思关于人的需求理论，基本立足点也就是人与人之间的这种协作关系，以及破除私有为目的的所有制关系。乡村社会的发展，完全可以迥异于工业社会的发展模式，创造出全新的生产关系。这种基于平等、自由、和谐等要素的需求关系，动态地

---

① [德]卡尔·马克思，[德]弗里德里希·恩格斯:《马克思恩格斯全集》，第42卷，北京：人民出版社，1979年版，第119页。

否定利己的精打细算,而是把人的需求真正变成纯粹的人的本质需要。乡村社会发展的各种趋势,也可以完全见证这种可能。

马克思说:"需要和享受失去了自己的利己主义性质,而自然界失去了自己的纯粹的有用性,因为效用成了人的效用。"① 基于这种自由、平等的可能,人与人、人与自然的关系变得更加和谐,社会化生产更具有效率,人的各个方面得以自由全面发展。乡村的需求自由,是建立在这样的战略方向上,指向的是未来美好社会的生活。

二、维护人的劳动自由

在人与世界的关系问题上,神学家以神来搭建人与世界的宗教关系,柏拉图以"理念"来构建人与世界的理性关系,黑格尔以"绝对精神"来解释人与世界的认知关系,而马克思却以"实践"来重构人与世界的现实改造关系,那就是以实际的实践行为来改造世界,寻找人与世界的和谐关系。不同于以往哲学家、神学家,总是以人与世界的二元对立,来解释人与世界的关系,其最终造成的后果是或以"人"为中心形成人类中心主义,

---

① [德]卡尔·马克思,[德]弗里德里希·恩格斯:《马克思恩格斯全集》,第42卷,北京:人民出版社,1979年版,第124-125页。

或以"世界"为中心造成拜物教的异化或堕落；马克思却以"实践"来重新搭建人与世界的和谐关系，其并非为了占有或依赖，而是人与世界基于现实运动关系的和谐状态，是人与世界的真正的对象化统一。人类最基本的实践活动是生产劳动实践。劳动的价值，得到前所未有的提升。关于劳动自由的话题，是马克思主义政治经济学的基本立足点。

黑格尔等哲学家曾经阐述过劳动的意义，认识到劳动具有对象化的特征，然而其劳动的认知是建立在抽象的精神演绎基础上的，并没有赋予劳动以最坚实的、可靠的人与世界之间的联系。马克思则不然，在他眼中，什么是劳动呢？可以说，劳动不过是人的活动在外化范围内的表现，不过是作为生命外化的生命表现。他直接把人的生命活动与劳动同一，指出劳动是具有个人生命的意义。而所有人的生命过程就构成了整个人类社会的历史。基于此，马克思认为，劳动的过程构成了世界历史的全部。他说："因为在社会主义的人看来，整个所谓世界历史不外是人通过人的劳动而诞生的过程，是自然界对人说来的生成过程，所以，关于他通过自身而诞生、关于他的产生过程，他有直观的、无可辩驳的证明。"① 人的世界历史过程与劳

---

① [德]卡尔·马克思，[德]弗里德里希·恩格斯：《马克思恩格斯全集》，第42卷，北京：人民出版社，1979年版，第131页。

动过程是统一的,彼此的证明或确证。

劳动的自由是人的生命过程的自由。实际上,由于私有制条件下的劳动分配关系,人的劳动成了被强迫的谋生的劳动,于是,要实现人的生命过程的自由,需要重新审视这种异化的劳动关系。当然,即使的异化的劳动,在人类社会发展过程中,也曾经起到过积极的作用。特别是生产社会化下的新型劳动,代表了更为强大、更有效率的生产力,其虽然是促进人类社会物质财富不断发展的驱动力,但并没有改变背后隐藏的异化的生产关系。这就是在利己主义或私有制条件下的劳动,会造成分配不公等问题,也就是会有异化的劳动存在,即被强迫的谋生的劳动。

被迫谋生的劳动,否定了人的劳动的自由属性,每个人都力图创造出一种支配他人的、异己的本质力量,以便从这里面找到他自己的利己需要的满足。古典政治经济学的假设"经济理性"前提是人都是利己的,以此为出发点,则掩盖了劳动异化的实质。实际上,人虽有利己或异化倾向,也有在生命发展过程中的追求真正自由的可能。意思是说,人的利己趋势不过是让个人背负这物欲、权势等枷锁,而非真正的利己,实则是人自身的异化,失去了真正的自由。人真正的自由来自摆脱利己的欲望,寻求自己本质力量的真正确证,而不是无条件地享用他人的本质力量。马克思说:"随着对象性的现实在社会中对人说来到处成为人的本质力量的现实,成为人的现实,因而成为人自己的本质力量的现实,一切对象对他说来也就成为他自身的对象化,成为确证和实现他的个性的对象,成为他的对象,而这就是说,对象成了他自身。对象如何对他说来成为他的对象,这取决于对象的性质以及与之相适应的本质力量的性质;因为正是这种关系的规定性形成一种特殊的、现实的肯定方式。眼睛对对象的感觉不同于耳朵,眼睛的对象不同于耳朵的对象。每一种本质力量的独特性,恰好就是这种本质力量的独特的本质,因而也是它的对象化的独特方式,它的对象性的、现实的、活生生的存在的独特方式。因此,人不仅通过思维,而且以全部感觉在对象世界中肯定自己。"① 这种说法,可以说是真正说明了何谓人的真正劳动自由,只有在自由的本质力量对象化过程即自己的劳动过程中,真正体验到自己的生命力量,这就是劳动自由。劳动,决定了人的本质力量实现的程度,自我确证为人的本质,劳动实现了人的本质的新证明、新充实。

乡村社会要逐步摒弃粗陋的、利己的生产方式和存

---

① [德]卡尔·马克思,[德]弗里德里希·恩格斯:《马克思恩格斯全集》,第42卷,北京:人民出版社,1979年版,第125页。

在方式,以追求人的劳动自由为目标。乡村经济社会中,建立与生产力水平相匹配的新经济体制和分配机制,也可以避免"每一个新产品都是产生相互欺骗和相互掠夺的新的潜在力量"[①]。新型乡村经济以人的劳动自由作为方向,通过自由地发挥自己的体力和智力,感受到生命成长的幸福、美好生活的确证。这意味着,相比于以工业化为特征的私有资本商品经济,信息化、智能化时代的乡村产业发展模式和包括服务业在内的更多生产要素、模式的创新,更容易逐会会走向真正的人的劳动自由。当然,也必须看到,走向劳动自由是一个过程,就好像人的自我产生是一个过程,劳动就是自我确证的一个过程,或者说,把对象性的人、现实的因而是真正的人理解为他自己的劳动的结果,这也是一个过程。在这个过程中,乡村经济是能够实现人的劳动自由的。

三、遵循人的感性自由

不同于西方古典哲学家,马克思把感性的位置摆放在理性、神性的前面。西方古典哲学的传统,以人与世界的二元论的天然设定,从柏拉图到黑格尔,更注重理

[①] [德]卡尔·马克思,[德]弗里德里希·恩格斯:《马克思恩格斯全集》,第42卷,北京:人民出版社,1979年版,第132页。

性主义或抽象的思维方面，对于感性的现实并不是特别看重。马克思则把哲学从基于二元论的解释或认知世界的窠臼中，拉回到现实实践中来，回到感性的人与自然界合一的对象性关系中。马克思说："直接的感性自然界，对人说来直接就是人的感性（这是同一个说法），直接就是另一个对他说来感性地存在着的人；因为他自己的感性，只有通过另一个人，才对他本身说来是人的感性。"①又说："对象性的本质在我身上的统治，我的本质活动的感性的爆发，在这里是一种成为我的本质的活动的激情。"②这种全新的解释人与自然关系的视角和方法，重新审视了天然设定的二元论，避免了陷入人类中心主义和自然中心主义的各自偏颇，重构了人与自然的对象化关系。基于感性自然的对象化关系，人由此可以获得真正的自由。

重新回到坚实的大地上来，以实干精神，才能获得真正的自由。实践是建立在人与感性自然的对象化关系基础上的。马克思说："感性的禀赋是把小孩和世界连接起来的第一个纽带。实践的感觉器官，主要是鼻和口，

---

① [德]卡尔·马克思，[德]弗里德里希·恩格斯:《马克思恩格斯全集》，第42卷，北京：人民出版社，1979年版，第128-129页。
② [德]卡尔·马克思，[德]弗里德里希·恩格斯:《马克思恩格斯全集》，第42卷，北京：人民出版社，1979年版，第129页。

是小孩用来评价世界的首要器官。"[1]这是精彩的比喻。马克思对人的认识，基于对人的感性认识，而不是类似宗教神学的神性认识，也不是古典哲学家的理性认识，更不是想象的、期望的、表象或抽象的，而是从人的感性活动实践出发，真正通过改造社会和世界，实现人与自然、社会的对象化共同螺旋式更新和迭代升级。所以，马克思又说："人只有凭借现实的、感性的对象才能表现自己的生命。"人在表现自己生命的同时，世界也在表现人的生命和它自己的生命。

理解感性自由，实际上就是正确理解人与自然的感性化、对象化关系。没有自然界，就没有感性的外部世界，外部世界以感性的形式，表现出人的本质力量，并以本质力量在何种程度上对人来说成了自然界，或者说自然界在何种程度上成了人的本质力量。基于如此的对象化关系理解，实践就是人与自然界感性化、对象化的最好确证。感性自由的重要涵义之一，就在于人与感性自然界基于自由原则的对象化关系。因为人与自然的对象化关系，可以是自由的，也可以是异化的。如异化的对象化关系，同样的基于感性的自然界对象化原则，但却是背离人的本质力量，无论是基于资本私有原则的生

---

[1] [德]卡尔·马克思，[德]弗里德里希·恩格斯：《马克思恩格斯全集》，第1卷，北京：人民出版社，1979年版，第142页。

产或消费，在其不断扩大化的规模化生产过程中，全部生产和消费运动的感性显现，可能成为全部异化的人的实现和现实。感性自由就是人的自然感觉是被人自己的劳动创造出来，是人类自己的崇高精神之光，绝不是"人的本质力量的实现，仅仅看作自己放纵的欲望、古怪的癖好和离奇的念头的实现"。财富在某种情况下是一种凌驾于自己之上的完全异己的力量，使人沉浸于为感性外表所眩惑的关于财富本质的美妙幻想，而那财富并不能给予你真正的自由。感性的自由，即其不能被"拥有"的感觉代替了感性的丰富性，也就是要扬弃拥有的感觉，扬弃受迫或异己的力量。

相反，感性的自由，是作为感性的人与自然对象化关系的全面自由，以至于包括劳动在内的几乎所有实践活动都是美的，都是感性地确证自己的本质力量。马克思说："只是由于人的本质的客观地展开的丰富性，主体的、人的感性的丰富性，如有音乐感的耳朵、能感受形式美的眼睛，总之，那些能成为人的享受的感觉，即确证自己是人的本质力量的感觉，才一部分发展起来，一部分产生出来。因为，不仅五官感觉，而且所谓精神感觉、实践感觉（意志、爱等），一句话，人的感觉、感觉的人性，都只是由于它的对象的存在，由于人化的自然界，才产生出来的。五官感觉的形成是以往全部世界历史的

第五章　建设美丽乡村的理路与实践

产物。"① 这段话明确说到人的感性的丰富性，举例说有音乐感的耳朵、感受形式美的眼睛等，这就是人的丰富的感性，并以丰富的感性来确证人的本质力量。五官感觉的形成构成整个世界的历史，也就是人的感性丰富的历史。所以，马克思又说："全部历史是为了使'人'成为感性意识的对象和使'人作为人'的需要成为〔自然的、感性的〕需要而作准备的发展史。"② 在马克思看来，人类历史可以看作是人与自然的本质力量的对象化历史，如此理解感性自由，则将之提升到整个人类社会的发展史的高度上来。所以说，感性自由实际上是人的自由而全面的发展，是人类最高理想的美好社会的自由。

乡村社会实际上更可能实现人真正向自身的还原和复归。不同于西方近代工业革命以来发展起来的近代工业文明，当下信息化、智能化等科学技术飞速发展，一则对苦劳力的需求越来越少，再一方面农业可以有迥异于工业的发展模式，每个乡村经济工作者可以充分发挥自己的本质力量，而不受异己的安排。在感性的自然界中获得自由，于乡村来说，似乎更为接近自由。马克思说：

---

① ［德］卡尔·马克思，［德］弗里德里希·恩格斯：《马克思恩格斯全集》，第42卷，北京：人民出版社，1979年版，第126页。

② ［德］卡尔·马克思，［德］弗里德里希·恩格斯：《马克思恩格斯全集》，第42卷，北京：人民出版社，1979年版，第128页。

"人的第一个对象——人——就是自然界、感性；而那些特殊的人的感性的本质力量，正如它们只有在自然对象中才能得到客观的实现一样，只有在关于自然本质的科学中才能获得它们的自我认识。思维本身的要素，思想的生命表现的要素，即语言，是感性的自然界。"① 这就是说，乡村社会完全可以更拉近人与自然的距离，完美地让二者融为一体，而不是彼此的对立。

新型的乡村经济发展，完全可以脱离异化的局面，走向感性自由。什么是异化呢？马克思说："异化既表现为我的生活资料属于别人，我所希望的东西是我不能得到的、别人的所有物；也表现为每个事物本身都是不同于它本身的另一个东西，我的活动是另一个东西，而最后，——这也适用于资本家，——则表现为一种非人的力量统治一切。"② 由于有非人的力量迫使人的本质力量不是自身的显现，而是表现为他物的。即使是资本家也会受到异己的力量驱使，而没有真正的自由。如对货币的需要，如果成了唯一的需要，成了所有人生的追逐，那就不是以人为万物的尺度，而是以货币作为人的无限制、

---

① [德]卡尔·马克思,[德]弗里德里希·恩格斯:《马克思恩格斯全集》，第42卷，北京：人民出版社，1979年版，第129页。
② [德]卡尔·马克思,[德]弗里德里希·恩格斯:《马克思恩格斯全集》，第42卷，北京：人民出版社，1979年版，第141页。

无节制的尺度。人毕竟是感性的、对象性的存在物,是需要扬弃异己的迫害的。马克思说:"为了人并且通过人对人的本质和人的生命、对象性的人和人的产品的感性的占有,不应当仅仅被理解为直接的、片面的享受,不应当仅仅被理解为占有、拥有。人以一种全面的方式,也就是说,作为一个完整的人,占有自己的全面的本质。人同世界的任何一种人的关系——视觉、听觉、嗅觉、味觉、触觉、思维、直观、感觉、愿望、活动、爱——总之,他的个体的一切器官,正像在形式上直接是社会的器官的那些器官一样,通过自己的对象性关系,即通过自己同对象的关系而占有对象。对人的现实性的占有,它同对象的关系,是人的现实性的实现,是人的能动和人的受动,因为按人的含义来理解的受动,是人的一种自我享受。"[1] 所以,就人的本质而言,人是一种自我享受,而非本质力量的异化。

新型乡村的社会经济要素,必然是要克服人的本质力量的异化,真正享受感性自由,如同田园诗般的感性光辉对人的全身心发来微笑,感受到人与自然的自由与美好。

---

[1] [德]卡尔·马克思,[德]弗里德里希·恩格斯:《马克思恩格斯全集》,第42卷,北京:人民出版社,1979年版,第123页。

第三节　基于中华美学精神的美丽乡村实践路径

摆脱审美贫困，是一个历史的、运动的发展过程，其作为伟大实践过程的意义，在于其本身就是在不断更新、发展和变化中的，是动态的革命实践。正如马克思所说："历史的全部运动，既是这种共产主义的现实的产生活动即它的经验存在的诞生活动，同时，对它的能思维的意识说来，又是它的被理解到和被认识到的生成运动。"① 又说："无论劳动的材料还是作为主体的人，都既是运动的结果，又是运动的出发点。"② 基于特定历史时空的审美贫困问题，需要在不断进步和发展的历史条件下，不断加以克服。实现中华民族伟大复兴，需要建设美丽乡村。摆脱审美贫困，归根到底，是摆脱人的审美贫困，解决的是人的问题。基于此，我们认为，中华美学精神中的家国情怀和为人民理念，都是乡村建设中摆脱审美贫困非常重要的关键点。所以，在摆脱审美贫困的万千的实现路径中，我们着重从人的角度去解决问题，从中

---

① [德]卡尔·马克思，[德]弗里德里希·恩格斯：《马克思恩格斯全集》，第42卷，北京：人民出版社，1979年版，第120页。

② [德]卡尔·马克思，[德]弗里德里希·恩格斯：《马克思恩格斯全集》，第42卷，北京：人民出版社，1979年版，第121页。

华民族落叶生根的乡土情怀出发，去实现对这个难题的破解。乡村审美价值观的重新树立，是确立中华民族伟大复兴的重要标志之一。

一、乡村产业的发展路径

产业发展路径上，顺应人工智能产业革命趋势，基于乡贤经济发展的模式，鼓励新型产业经济入驻，以智能化、信息化引领，赋予乡村人更多的自由时间，实现逐步摆脱审美上的贫困。

人类已经走到了产业革命的最关键阶段了。以人工智能为代表的产业革命浪潮，正如潮水一般不断袭来，冲击着人们的日常生产和生活。当各种生产和生活可能都被人工智能所影响和控制的时候，整个时代将发生根本性变革，人类文明又将迎来新的历史阶段。特别是基于特定生产模式的乡村，以经济发展和产业革命为基本存续状态的乡村生活，肯定是会受到智能化的产业革命冲击的。当下的乡村的智能化、信息化基础设施不够完善，新质生产力影响不够明显，但社会发展的浪潮必然席卷到乡村，影响到每一个人。试想乡村的耕作全部实现了人工智能控制，土壤施肥、播种、收割，等等，广大农民群众摆脱了经济上或产业上束缚，是否有更多自由时间，来解决精神上之问题呢。

乡村经济上富足和美好，可以说是解决乡村一切问题的前提。几千年来乡村贫困归根到底也都是经济上的贫困和破产，风雨飘摇下，谈何精神享受和富足呢。在无数文人墨客的笔下，乡村的破败和衰落，都与产业落后以及经济贫困有莫大关系，老年的闰土、可怜的祥林嫂以及那孔乙己，等等。所以，乡土经济上破产，人们生活质量下降，只能徘徊在温饱线上，基本上不可能去追求更高层次的精神享受和文化生活。唯有饱暖之后，人们才会注重精神上的享受和愉悦。就摆脱审美贫困寻根问源来说，几乎得到一致答案，归根到底还是产业经济发展和富足的问题。根据马克思主义关于人的发展的产业理论来看，乡村经济发展模式和程度等问题，直接是涉及人的自由或异化的关键问题。人类社会发展经历的几次产业革命，既带来了物质繁荣和丰硕的文明成果，还可能会给人类自身以及自然界带来过难以磨灭的深重灾难。我们认为，基于中华优秀传统文化的惯性，中国乡村完全可以走出一条自己的产业发展模式，以独特的现代化道路，实现真正人与人、人与自然的新型发展关系。

人类文明史上有很多次产业革命，以机器大工业化为代表的产业革命，产生了效率极高的生产力，为人类文明带来了前所未有的繁荣和昌盛。人们沉浸在工业文明的成果中，享受着工业复制带来的便利，高楼林立、霓虹闪烁，人们似乎找到了自己的美好生活，然而钢筋混凝土丛林中的人们，也有很多迷茫、迷失的时候，也不断寻找着故土、乡愁。但是，机器大工业革命并没有给农村带来很大的福音，相反，还虹吸了农村的很多生产要素。一方面是机器大工业时代需要大量的河水、林木、矿物以及其他自然资源，于是，乡村的自然资源被滥采滥伐，自然资源濒临破产；另一方面，乡村大量的优质人口资源流动到更有效率的机器大工业产业中去，真正从事农业生产的劳动力越来越少，乡村变得越来越荒凉，人口空心化越来越严重。但是，第四次产业革命却和以前不一样了。其不再是对乡村生产要素的疯狂攫取，而是变得更为友善和亲切。因为以智能化、信息化的人工智能为代表的产业革命，赋予了人以更多的自由和空间，当原本的生产劳作由效率更高的人工智能替代之后，乡村的生产要素特别是人得以回归。这是乡村重新焕发活力的必然契机。

建设美丽乡村，以中华美学精神赋予其内在的精神活力，必须转变传统经济发展思维模式，走出一条创新、改革和发展的新型乡村发展模式。所以，必须警惕的是，如果乡村经济一味照搬第一、二次工业革命的产业资本模式，最终也会造成乡村人的异化，乡村人与人、与自然的关系紧张，并阻碍人们走向自由全面发展的道路。马克思对资本主义发展的经济规律做了深刻的分析，关于人异化的理论，关于资本盘剥的秘密，等等，都是基于第一、二次工业革命的资本主义生产方式的分析，深刻而透彻，具有广泛而深远的影响。特别是马克思关注过当时封闭落后的德国的农业经济问题，其基于资本盘剥发展模式的经济方式，最集中体现了那个时代的经济模型和发展样态。随着社会进步和时代发展，资本盘剥和贪婪并没有被清除掉，相反以更隐蔽的方式影响着人的异化。马克思对资本盘剥奥秘分析的声音仍然声绕在耳，引领着人们追求自由幸福的生活。几个世纪过后，人类社会经济样态已经发生了很大转变。在智能化、信息化引领下的产业革命背景下，基于共同富裕精神的中国特色社会主义经济模式，完全可以并正在创造人间奇迹。

与西方等绝大多数国家乡村的发展模式不一样，中国乡村自有一套自己的产业经济发展模式。其绝不可能照搬西方模式，而需要独创出自己特色的现代化道路。即使是在社会主义初级阶段，也需要设计出一条独特的现代化道路。基于联产责任承包制的土地所有权的顶层设计，为广大乡村的发展，避免西方模式，也就是以产业私营资本的形式，完成对农村土地资源的占有和使用。

所有权与使用权的分离，为新型现代化道路设计提供了各种可能。众所周知，乡村土地所有权是根本性问题，即使是基于大规模种植、高科技产业路径的农业经济，由于其私营资本性质而并非最佳的农业经济发展模式。而灵活多样的使用权，则为农村产业经济的发展提供各种可能和方向，为各种具体设计和措施提供可能性。广大中国老百姓的智慧是无穷的，全国各地的新农业发展模式，都在如火如荼地开展起来，其中具体设计和举措不一而足，非我们所能全部揽来冒功。我们所能言及的，唯有其中细小的不为人所共知处，或可发力，以加速成全中国乡村的现代化发展道路。

这个细小的点位就是乡村"人"的着力点。曾经有一段时间，生产要素的缺失和价值失落，是农村经济落后的重要原因之一。在马克思所描述的各种生产要素中，包括劳动者、劳动对象和劳动资料。作为最重要的生产要素之一的劳动者，是最积极主动的生产要素。这个点上，无数专家学者都进行过讨论。但我们讨论的方向和关注点，则区别于他人。马克思主义是基于对人的自由全面发展做出深刻分析基础上，深刻总结人类社会发展的历史经验教训，提出人类未来发展可能和方向。乡土中国的发展，更是需要人、依靠人。乡村有了人才，乡村才有生气，也才能发展。中国绝大多数乡村都面临生产要素缺少、发展活力不足等历史积留问题。以大机器制造业时代为特征的第二次工业革命的大量生产要素无法惠及乡村，反而抽走了大量农村剩余劳动力，致使乡村在发展的道路上面临更严峻局面。乡村需要回归、还原其本来的面貌，第三、四次以信息技术为特征的工业革命提供了这种可能。智能化、信息化的基础设施设备的发展，为各种专业化、集成化的农业生产提供了可能。无生命属性的智能化、数据化设备是乡村发展和腾飞的重要技术手段和发展工具，但并非中华乡村美学精神的绝对性因素。真正决定乡村腾飞发展的因素，应该是乡村人。这里的乡村人指的是最大意义上的乡村人，包括但不限于乡贤以及从乡村走出去渴望回到乡村支持乡村发展的人。唯有更高美学精神维度的乡村人，才能引领乡村的美学发展和腾飞。更高的美学精神维度意味着马克思主义人学理念中的更自由的人，更具有全面能力和自由发展可能的人。当乡村由更多这样的自由人集体组成的时候，乡村就会更有发展的可能，建设具备中华美学精神的美丽乡村就必然能够实现了。

什么是中华美学精神？这绝对是关于人民群众的美学精神，是真正走入群众中去，为群众所认可的美学精神，也是几千年来，广大农民群众自然形成并认可的美学精神。诸如那绿油油的田野、清澈的河流、峻美的高山，还有那金黄的麦浪，都是广大农民群众发自内心愉悦和欣赏的美。社会时代正在发生深刻的变化，乡村人的生产生活以前所未有的速度在不断拓展和深化，以追求乡村美学精神的维度，去发现和开拓乡村的产业模式，基于乡村的美学精神，乡村必定会在衣、食、住、行很多方面发生深刻变化。摆脱乡村的审美贫困，无论是建筑物、庭院设计，还是服饰、美食以及各种乡村审美文化，都是基于对乡村经济发展模式重塑开始的。

自改革开放以来，乡土中国的经济发展模式，自觉地走上了不同于西方的资本产业模式。这是基于和合精神的中华美学精神的呈现，在世界民族之林可谓绝无仅有。谁人可知，乡土人更愿意分享劳动的过程和手段、方法，更愿意提携带动乡土人一起进步和发展，更愿意基于亲情、乡情的因素而彼此照顾、提携，更有乡贤以牺牲和奉献精神引领经济发展，投入大量的生产要素，带动全体乡村人共同致富。这种乡贤经济模式，是无法用西方古典经济学的利己主义来解释的，也无法用资本的盘剥和利用来说明的，其经济法则更多基于乡土情谊、家国情怀等非利己因素。于是，无论在产业发展上，还是服饰、美食以及建筑风格上，到处可见的是乡土人之间无私的和合精神，是彼此的照应和牵挂。乡土之间，一人得以在某领域做出成绩，往往带动一方，成就彼此。

在这样的经济模式下，加之信息化、智能化等产业模式发展，提供了一种全新的产业发展可能，更自由、更轻松、更有利于乡村经济的发展。这不是基于西方经济学中经济理性的考虑，而是基于乡情和合精神的文化传统。

这种基于中华美学精神的乡土和合精神，是乡土经济走出新发展模式、新道路的重要精神支柱之一。可以说，美丽繁荣的乡村经济，是基于和乐精神的新型乡贤经济模式。当无数的乡贤，携带各种生产要素投放到乡村经济发展中来后，必然在众多合力的要素聚集情况下，形成良性的发展模式。这种乡贤经济模式并非现在未来才有，而是早已出现，在乡土中国有悠久的历史脉络。早在农耕社会时期，乡贤士绅就以自身显著优于他人的要素和资源，造福乡里，带动一方经济发展。中华人民共和国成立后，包括大寨村、华西村等地方，都以个别具有更多资源、要素和能力的人，带动了整个村落的发展和腾飞。改革开放后乡土中国很多地方，都呈现出乡贤经济的特征。当某个人依靠个人的能力，在沿海或其他地方的某个产业做成功后，很大程度上就带动自己整个村落的年轻人投入这个产业中去。于是，形成了诸如版画村、雪村、打印村，等等。乡里之间，相互带动，最终形成产业集聚。由于农村的生产要素缺失等各种原因，乡贤经济发展的模式并没有在农村大规模发展起来，但却带动了乡村经济的发展。乡里人发家致富后，就会回到乡里，修房盖屋，重视教育等。于是，更多的基于和乐精神的自由生产要素就会聚集到村落。这些村落，有浓郁的地域色彩，从初期的互助经济模式，逐步形成发展为产业链条中的发展共同体，也就是形成真正的利益联结共同体。诚然，乡土中国人的经世致用精神以及落叶归根情怀，无时无刻不在影响着他们，如何影响和带动乡土族人共同进步和发展。社会时代变了，而这份传统文化的根脉却一直延续下来。

搞活乡贤经济，是要给乡贤经济极大的发展空间和可能，是相比于私人资本经济更为持续稳定的经济模式。乡贤经济发展模式，不同于以盈利为目的的私营资本发展模式，其以短期盈利为目标，故其经济模式往往难以持续。也不同于以政府平台公司牵头的农业项目，其长期补血能力会不足，而乡贤经济则一方面带有浓郁的集体自助性质，另一方面，带有浓郁的家国情怀，基于如此目的的经济模式，有更为稳定的利益联结机制，更能持续稳定地输出产业要素和能量，以更为持续稳定的经济模式推动乡村产业发展。换句话说，这是新型农业经济共同体，以牢固而持久的利益联结机制，激发各方热情和动力。

这种新型农业经济共同体，在全国各地乡村中已经有不少具体实践，初具雏形。全国各地乡村，应该因时因地制宜逐步筹划乡谊联合会，根据自己乡村的特殊产业情况，积极通过钱物捐赠、产业辅导以及其他各种辅助方式，积极主动发展地方经济。有效利用乡村的学校、办公场所等闲置国有资产，进行有效设计、改造和盘活。在外发展的乡贤群体中，有经济实力很强的，也有从事设计、金融、文化等技术行业的，完全可以各自发挥自己的能力优势，对乡村闲置资产和文化资源，进行有效的改造和盘活。前亦有言，乡贤经济模式容易造就产业集聚效应，在全国各地已经有了不少活例。乡亲们通过彼此带动，相互介绍和扶持，形成聚集效应的产业模式，特定的村落可以在全国甚至全世界在某个产业领域拥有领先地位。例如果蔬、苗木产业基地、民俗品牌包装基地、民宿产业集群等。类似这样的乡村经济集聚效应，依靠的是乡亲之间相互带动，彼此发展，逐渐在乡土中国形成成熟的新型农业产业经济发展模式，走出中国特色的乡村现代化道路。

以乡贤经济为基础的新型农业产业经济发展模式，是乡村各方面发展的基本动能，其作为内驱的绝对力量，并非一开始就形成的，而是基于新时代的智能化、信息化等第三次产业革命背景下，顺势而为，形成的中国式乡村现代化发展道路。诚然，智能化信息化时代主要孕育于工业生产经济活动中,并于其中得到极大发展。当产业融合成为可能,智能化、信息化的思维、设备和相关设施都陆续进入乡村,在新型经济产业模式中发挥重要作用。在很多农村地区,对土壤、空气、温度以及肥度等数据进行智能化监测,对农作物的生长进行信息化的跟踪和描述。各地农作物的产值产能在信息社会传播交流,合理配置农业资源等。实际上,智能化、信息化的新型农业经济共同体,还有很多发展和想象的空间。

不得不承认的事实是,随着经济局面的好转,人们物质条件的提升,人的自由和尊严愈加得到尊重,而美的东西,也越来越普遍。几千年来,中西方哲学家都在思考美的问题,而很少有哲学家注意到这么一个事实,那就是美与人们的物质生活条件也息息相关的。中华美学精神中的和合精神,就是克服资本贪婪的最优设计。建设美丽乡村,不是滥采滥伐、破坏山水,不是随意吸吮乡土营养,而是以农业互助的和合精神,带动乡土人都富裕起来。在物质富裕的基础上,精神上的追求会更加丰盈,也可以在各个方面真正让乡村摆脱审美贫困,真正实现各细微环节都美起来。

二、自然生态的维护路径

自然生态上，呵护原始生态，培育新生态，坚持为人民的理念，以全体乡村人共同的生态理念，呵护乡村自然生态健康，走可持续发展道路。

中华优秀传统文化中的美学精神，非常重要的内容之一，就是对于自然生态的热爱和尊重，乐山、乐水是深入到骨髓里面的文化基因。几千年来，无数文人墨客、普通劳动群众都在歌唱着山川草原桃花潭水等自然的美好，似乎唯有此等自然境界、意象下，他们的自由身心、美好心灵才得以释放，日出而作、日落而息，实现最大程度的自由和美好。新的时代产业背景下，人们有了更大可能和自由空间，人们更应尊重自然生态，保持原生态、培育新生态，可以说是民族的新时代主题。诚然，跨越式工业革命发展，给自然生态资源带来过毁灭性破坏，滥采滥伐带来的生态创伤，也反噬了原本贫穷落后的乡村。

以智能化、信息化为主要驱动的第四次工业革命到来，人工智能技术迅速发展，给乡村发展带来了新的契机，甚至意味着更多的生产资源和要素会重新回归到乡村。新质生产力的要素得以重新聚集，传统工业革命中的生产要素需予以重整。其中，最重要的要素之一如人口因素，会逐步回流到乡村。众所周知，生态的破坏源自于资本的贪婪，最终导致人的异化。在马克思那里，人口因素作为重要的生产要素，是其最为关注的焦点之一。在马克思主义理论中，常谈的异化现象，就是有异己的力量左右了人的本质力量，人的本质力量不是自由的对象化，而是被外在的力量异化、扭曲了。当人们在资本或其他力量的驱使下，破坏自然生态，扰乱生态平衡，打破人与自然本质力量对象化的平衡状态，这就是人被异己的力量左右了，无法实现真正的人与自己、自然的和谐自由。马克思曾说："在社会主义的前提下，人的需要的丰富性具有什么样的意义，从而某种新的生产方式和某种新的生产对象具有什么样的意义。人的本质力量得到新的证明，人的本质得到新的充实。在私有制范围内，这一切却具有相反的意义。每个人都千方百计在别人身上唤起某种新的需要，以便迫使他作出新的牺牲，使他处于一种新的依赖地位，诱使他追求新的享受方式，从而陷入经济上的破产。每个人都力图创造出一种支配他人的、异己的本质力量，以便从这里面找到他自己的利己需要的满足。因此，随着对象的数量的增长，压制人的异己本质的王国也在扩展，而每一个新产品都是产生相互欺骗和相互掠夺的新的潜在力量。"[①] 在人工智能技术越来越广泛运用的时代，人拥有了更多的自由时间，自由劳动更成为可能。

人需要摆脱异化状态，在生产生活中，真正实现自由生活和发展。乡村人的生产和发展问题，是可以完美解答智能化、信息化时代人的生存状态问题的。人要实现自由全面发展，需要有智能化、信息化设备辅助，从而实现更高的生存目标、更好的生存状态。因此，可以说，马克思这种自由而全面的发展，是基于原生态的人的生存状态螺旋上升式的发展。恩格斯赞美过原始社会作为最朴素的共产主义社会，其螺旋上升的高级人类文明形态，也就是人自由而全面发展的时代。在这样的时代，原生态的自然乡村，是其典型的特征之一。唯有如此原生态的乡村，才能容纳下如此自由而全面发展的人。在广大乡村，相比于受资本捆绑的外来乡村建设者，对乡村拥有情怀和文化情感的归乡人，则也相对而言是原生态的，是更能够融入乡村的，也是更倾向于马克思所言的自由人的。这些自由人的联合体，对乡村的原生态的自然环境是更加爱护和珍惜的。

尊重自然的力量，以及人的发展规律，是马克思主

---

① [德]卡尔·马克思,[德]弗里德里希·恩格斯:《马克思恩格斯全集》，第42卷，北京：人民出版社，1979年版，第132页。

义美学的基本遵循。要摆脱审美贫困，就要遵循人和自然的基本发展规律，在天地人和谐共生中，实现共同体的繁荣。自然生态的破坏，更多来自人的初心沦落、本质的丧失。人拥有自由的本质力量，却在资本的欲念和贪婪中，本心沦落，异化为"物"的奴隶。如此这般，则审美贫困出现了。审美贫困是人本质力量异化的产物，是自由精神的缺失。换句话说，即使是物质条件非常充裕的情况下，并不能立即摆脱审美贫困，其与经济上的贫困不一样，是精神上的匮乏。在中华优秀传统文化中，无数的文人墨客物质条件极其匮乏，然而，从其笔下优美的自然山水、风土人情，可以想见当时人的生存状态是和谐的、自由的。

摆脱审美贫困，不仅是产业发展等物质建设方面的任务，更是现代人精神建设方面最重要内容之一。要建设这方面的审美精神并不难，中华美学精神中历来就有知者乐水、仁者乐山的精神，就是山水同乐的自然精神，是其他很多民族所不具备的精神特质之一。具有如此优良的文化基因，完全可以实现审美精神上的自由。中华美学精神中很重要的内容之一，就是崇尚原始、自然的生态美，如在历朝历代山水画中呈现的那般，仁者乐山智者乐水，于山水田园之间，享受诗意美好的生活。这种自然生态的美学精神，是刻在骨子里的中华美学精神。

另一方面，中华美学精神中的和合精神，也就是与自然山水和谐共生，在自然天地、山水之间，享受相互滋养、共生的趋势。如此民族精神传统，其中蕴藏的精神宝藏，值得当代人去不断挖掘和发扬。

在社会主义条件下，坚持为人民的发展理念，人的本质力量才能得到新的充实和新的提升。在更优越的社会制度下，人的本质力量真正的增强，在于人生的最高价值的实现，在于本质生命、文化意义对自然世界的敞开，在日常举措上，最重要的环节之一，也就是尽量保持乡村原生态的生命力。一片老林、一口古井、一座老桥、一条小河等，都是原生态的自然景观。这些原生态代表了最朴素的乡村特色，是乡村的符号和景观。原生态是不加修饰的、没有经过涂抹的原始返璞景观。晨光气韵中，乡村会变得更加的漂亮，暮气霭霭中，乡村会显得更加的宁静，唯有原生态的大自然美，能够引领人们从日常生活的归属感到灵性境界的身体实践和审美归属。

田园诗般的脉脉温情，唯有在村落诗意特性的引领下，才能进一步激发广大人民群众的感性、理性以及卓越的开创智慧，带有更深沉、持久的力量，实现民族的伟大复兴。中华民族是热爱美、追求美的民族，在中华文化的起源上，人们都已经是不断地创造美、弘扬美。乡村原生态的美，最能激发人的本质力量，与原生态自然彼此为自由的条件，真实地呵护人的自由发展，乡村的真正回归。

回归乡里的乡贤们，具备更强大的与原始大自然链接能力，以感受到真正的自由与轻松。如前所述，乡贤经济不同于以利己为目的的私人资本经济，其经济发展和增长模式是基于人与自然、人与人的和谐生命共同体为核心要义的。无休止的滥采滥伐，很容易导致自然生态的崩溃，而对于归乡的乡贤，最吸引他的地方之一，就是原生态的自然乡村部落，没有雕琢的痕迹，而是自然的淳朴，一切回归到大地、山水上，还原人类生存的本质，脚踏大地，才感受到最坚实的生命力，乡贤对于呵护乡村自然生态以及可持续发展方面，是非常重要的推动力量之一。

近些年，随着城市化进程加速推进，农村出现了人口外流的空心化倾向，大量的年轻人外出打工，消耗性农业生产活动也随之减少，农业资源大量闲置，于是，原生态的青山绿水似乎也在慢慢回归了。但这只是表面上的理解，真正的原生态乡村生活，还是需要有乡贤等群体努力去塑造和维护。诚然，山水林田湖草，一切都是原生态的，在四季的轮回中，自然会呈现出它特有的美丽。但原生态只是相对概念，保持原生态与培育新生态是辩证统一的。对原生态的尊重，并不是说对原生态放任不管，而是根据自然规律规划之、保护之，既有原始古朴的自然效果，也有有意为之的规划和布局，充分尊重自然生态的前提下，努力使其能够持续永久地保持下去。而培育新生态，意味着乡村面貌总是随时代发展而发展的，不可能永远一个面貌，总会掺入新的时代审美。摆脱审美贫困的另一条路径，也就是培育新生态。保持原生态与培育新生态并行不悖，并不是说保持原生态，就不能培育新生态。乡村审美新生态同样需要培育的，如新乡村绿化、林木种植等，在合理规划和布局下，培育乡村新生态，随着社会时代发展，也成了所谓的原生态。

原始的乡村美丽的生态，就好比是穿上了美丽的外衣，自然增添了几分可爱。自然山水的原生态呈现，是最为朴素、原始的美感，其基于人与自然最质朴的自由关系，需要一代代人努力呵护，以可持续发展的理念指引乡村建设，在精神层面上实现审美自由。

三、人居环境的美化路径

人居环境上，以乡贤审美为引领，结合民族、地方风貌，自发打造各自村落的人居环境，实现人居环境整体上的跨越和提升。

美丽乡村主要是由自然风光和人居环境构成的，如果说自然风光上尽量保持原生态的话，那么人居环境则更体现人的创造力和审美力了，更具备人文的气息和素养。人居环境是人们活动的主要场所，其可以最直接体现乡村的风貌。现代商业社会对诸如古寨、古镇、古城等地有极大的亲密感，人们都蜂拥而至，很快消费完了那里的人文精神。乡村的人居环境，是人们真正长时间生产生活的地方，如果人们自发打造出具有很高审美品质的乡村，则真正实现了审美生活的日常化，在平淡的生活中，达到了生活和精神的自由愉悦。

乡村的人居环境会越来越美的，正如人的自由本质力量是不断发展和丰富着的。原生的力量只是存量，而丰富和发展才是美的永恒主题。如何创造本质力量的丰富性呢？马克思对"美"的理解，也是人的本质力量不断对象化的过程，或是说不断丰富和发展的过程。他说："忧心忡忡的穷人甚至对最美丽的色都没有什么感觉；贩卖矿物的商人只看到矿物的商业价值，而看不到矿物的美和特性；他没有矿物学的感觉。因此，一方面为了使人的感觉成为人的，另一方面为了创造同人的本质和自然界的本质的全部丰富性相适应的人的感觉，无论从理论方面还是从实践方面来说，人的本质的对象化都是必要的。"① 这告诉我们，"美"随着人的本质力量的提升而得以丰富。中华民族的创造性天赋，完全可以创造性建设美丽人居环境，摆脱审美贫困、实现审美自由。整体性提升乡村人居环境，实际上也是人的本质力量不断丰富和提升的过程，更是美的多样性自由实现的过程。

  与自然山水原生态不同，乡村美的最重要因素之一，还有人居环境。其更具审美多样性特征，使得乡村人居环境成为体现审美自由的最终指标之一。乡村人居环境房屋建筑、道路规划、公共空间建设等，不同于城市规划，其更富有个性特征和自由色彩。我国经历了几十年快速城市化发展历程，在城市规划、建设和治理上，多是吸取西方发达国家经验再结合自身优势，进行创造性改良。在如此短时间内城市建设取得这么高成就，与没有既往的历史包袱而大胆新建、突破、创新，有一定的关系。但是乡村人居环境建设则不一样，其有几千年来的农村乡村人居环境建设的历史经验，有自身的文化惯性和村规民俗，其异彩纷呈的地域特征、文化习惯以及聚落方式等，都为乡村人居环境建设提出新的挑战。但是，正因为如此，乡村人居环境建设才是美丽乡村建设的最重要内容之一，其可以特定的民族色彩和创新性审美体验，

---

① [德]卡尔·马克思,[德]弗里德里希·恩格斯:《马克思恩格斯全集》, 第42卷, 北京: 人民出版社, 1979年版, 第132页。

真正地实现人与乡村的整体融合性提升和跨越式发展。

不同于城市的高密度人口聚集区，乡村人居环境相对分散，且融合了特定的地理环境、经济开发、村规民俗，以及文化习惯等方面，以独特的个性色彩，呈现多样化特征。然而，当下人居环境建设还处于原始野蛮生长的无序状态，人们对于创造性人居环境建设还缺少自主性和能动性。稍微可以称之为人居环境建设的，只能说是由上而下的政府主导模式。基层政府组织的确是鼓励和支持农村人居环境改善的重要力量之一，其出台一些防灾防害、生活污水、生活垃圾处理等规范性或鼓励性的举措，在一定层面上会发挥改善人居环境的作用。但是，政府作为外来的力量，其效率和动作往往整齐划一，并不能真正从内在改善乡村人居环境的每一个细节。因为乡村人居环境是散点分布的，每一个乡村甚至每一个家庭，都是独一无二的存在，是不能被政府的文件进行完全的规范和约束的，人居环境也不可能是完全一致的。当然，政府并非完全不可为，其在顶层设计指引、基础设施建设、公共环境维护等方面，具有无可替代的作用。摆脱审美贫困，政府所做的工作应该是基础性的。如乡村开通水网、电网、气网以及光纤网络等，居住安全、抵御自然灾害、公共主干道建设等，都需要在相对完善的基础上，逐步改善人居环境。

对美好生活的向往，不仅是物质层面的满足，或说吃饱穿暖、遮风挡雨等方面，还有提升生活品质甚至精神层面对美的向往和自由精神的实现。乡村人居环境目前还停留在要求整齐干净卫生、完善基础设施方面，当然这是当下非常必要的工作，但总体审美品格上的提升，还是非常欠缺的。换句话说，目前乡村人居环境建设多停留在物理环境方面，对于文化环境、精神环境方面治理是非常少的。乡村人居环境看似是硬件环境，实则是精神文化面貌、审美文化水平等方面的直接呈现。城市已经出现了很多非常具有时代内涵和文化意味的设计，乡村人居美好环境却还需要进一步提升。

中华大地上，乡土村落各有特色，在人居环境上，更是各有自己的文化根性。如何重新唤醒特定村落的人文资源、诗性智慧，需要有乡贤发挥作用，结合民族、地方风貌，以实现复活特定的社会历史文化资源。

随着信息化、智能化时代的到来，工业复制似乎变得更加的便捷、迅速，各种乡村民居以及规划建设上，也有呈现千篇一律的色彩。现在很少能够看到地域色彩浓厚的人居环境了，趋同成了时代底色。的确，当大江南北的人居环境都变得大同小异的时候，美丽乡村建设就变成了空话了。如何一村一品以及让乡村更富有地方特色呢？唯有充分发挥乡贤的审美力量，结合民族、地方风貌以及地理环境优势，自发地打造各具特色的人居环境，才能真正实现美丽乡村。其中原因很复杂，但大致是这些方面。首先，从工业产业经济回归到乡村的能人乡贤，往往对乡村有深厚的故土情怀，其对乡村人居环境的审美情感，不是来自经济利益的冲动，而是来自个人的故土回忆和情怀，所以，他们的审美是个人的、是独特的，不可复制的。基于如此的乡土底色的审美情感，乡贤们回乡后所引领的人居环境建设，必然是百花齐放的，必然的独具特色的，于是人居环境的各种风格和特色都会得到很好的呈现。其次，回归乡里的乡贤们，对故土有深刻的文化记忆和历史情感，其中的一口老井、一棵老树、一座老桥等，都是几十年的文化记忆，基于这种深刻而具体的乡村文化记忆，在乡贤们引领下重建的乡村人居环境，则更富有特定地域和乡村文化特色。最后，回归乡里的乡贤们，其往往是经历了很多的人生沉淀，集聚了大量的要素资源，尤其有丰富的审美体验和情感经历，所以，他们往往具有比其他一般乡村人更丰富的审美感受，也对美丽乡村建设有更多想法和建议，有更高的标准和要求。

　　乡贤对乡村的改造往往是从改造自己人居环境开始的，从而形成示范效应。就如修房造屋这件事，乡村人特别善于模仿某种风格，于是形成了乡村千篇一律的建筑样式，而乡贤能够按照自己独特的审美眼光重塑乡村建筑的审美标准，重塑乡村文化。

以私人环境带动公共环境的转变，是公私协同共治的典型特征。乡贤回乡必然有个人的私人人居环境，以自己的诗性智慧打造私人居住环境的时候，实际上也会在力所能及的范围内改造公共环境，如拓宽道路、绿化道路、安装路灯等。当无数的乡贤归乡后，皆打造私人人居环境并协同治理公共环境，则乡村面貌会得到极大改善。公共人居环境的确也需要乡贤们的呵护。相对于一直生活于乡村的普通农民，乡贤更具有保护文化遗产的意识，也更具备挖掘文化遗产的能力。其生于斯、长于斯，对该乡村的文化遗产有强烈的情感共鸣和文化记忆，再辅之以个人的文化想象，丰富之、发展之、活化之，必然在人居环境的改善上，发挥极其重大的作用。

乡贤对于生命、未来和自然有更为透彻的理解和感悟，其所呈现出来的家国情怀，以及审美力量，可以引领当地村落的审美风向。

人居环境最能呈现村落的诗性智慧，特定的乡村文化根性，可以说是美丽乡村的灵魂和气质，其中妙不可言的东西，蕴含于乡愁之中，就是真正让人着迷的地方。美丽乡村的人居环境，形神兼备、意境深远，是需要人为赋予的美妙气质，是基于对乡村文化的深刻认知和历史记忆,在不断改造、补新和迭代中,逐步凸显出来的美丽气质。

四、乡村文化的建设路径

乡村文化建设应发扬乡村的淳朴、厚实的文化传统,在和谐、美好的乡村文化振兴道路上,实现乡村文脉的创造性再生,以文化革新带动乡村的精神文化发展。

摆脱审美贫困,让独有的乡村文化回归。在艰难年代,乡村承载着吃饱穿暖的基本物质任务,人们为了填饱肚子而不得不在黄土地上谋生存,建起了坚固的房屋,遮风挡雨,防灾防害,其为第一层面上的物质需求;随着温饱问题改善,人们开始追求自身生活居住的舒适度,对人居环境进行美化,购置更多的家电、家具等,提高生活品质,种花养草等,人们有了更高的物质和精神需求,乡村逐渐变得殷实起来;而最高层次的美丽乡村建设,是应该让乡村富有独特的文化气息,以特有的乡土文化赋予其现代内涵,通过乡村人居环境建设、乡村文化活动等方面,呈现出独特而丰富的乡土灵魂。我国拥有悠久的优秀传统文化,其中的勤劳、朴实、奋斗、互助、守静等优良文化传统,其丰富精神内涵代代流传,随着时代发展应该有新内涵、新内容,如此则为建设美丽乡村奠定坚实的精神内核，为摆脱审美贫困营造良好的文化氛围和精神动力。

乡村文化包括物质文化和非物质文化，都可以实现创造性活化，马克思主义美学为其创造性活化提供了科学指引。马克思主义美学的基本精神是在对人本质力量尊重基础上，倡导人与人、人与自然之间的自由、和谐、互生，反对强迫、压制和异化，乡村文化的创造性再生，也是基于自由、互生的文化理念。相比于西方资本主义的强迫和压制，东方宗族文化在人与人之间关系上，更有崇尚和谐、互生的一面，这为其物质文化和非物质文化创造性再生提供了良好的原生文化基础。基于家族文化脉络的桑梓关系，其中的经济理性弱于经济感性。换句话说，这种关系不同于建构在经济理性基础上的资本经济关系，而是基于家族血缘的感性关系，其更偏重于感性的文化链接和扶持，而不是偏重于理性的资本经济掠夺。

具体来说，在源远流长的乡土文化中，基本形成共识的就是宗族血缘关系构筑的乡土代际关系。这种特殊的乡土情感和关系，是其他民族和地区文化所不具备的。乡土中国以家和族为单位，构建起这种代际网络层级关系，以钩织成整个封建乡土文化的所有脉络。家和族的彼此牵挂，是从父子关系出发构建起来的。在周三代时期的知识传播体系，主要就是分封地的父袭子替，也就是父子相传的知识传递脉络。这种基于父子关系的知识传递体系，确立了父袭子替的家文化。由家到族，彼此照应关联，形成中华文化中父母子女之间更深层次的情感关联和责任义务。父母抚养子女、子女孝顺父母，这种责任和义务深深地烙印在中华乡土文化深层体系之中。由小家扩展到宗族，由宗族扩展到聚居地。现代中国乡村不再有明显的家族牵连，现代化的社会流动性和对个人价值的肯定，让更多的年轻人走出了封建宗族的束缚。特别在当代文化的孕育下，对家和族的观念有了全新的认知，一方面深刻认同乡土文化中的家族观念，另一方面又超越了传统的家族束缚，更多地体现个人的价值和社会意义。然而，不管怎样，家族观念很容易扩展为共同体归属感的桑梓情怀，因为同一聚居地总有各种沾亲带故的往来，而桑梓情怀实际上就是现代性的身份意义再确认的家族观念，是对乡土美好生活的情怀，是现代性家族文化的创造性再生。

在乡土中国，已经出现了诸如画家村、民宿村、艺术村等聚居区，宗族之间相互扶携，彼此传帮带，于是形成了特定的村落文化。这些乡村物质文化的繁荣，并非资本的繁殖结果，而是特定的宗族乡土情结带来的传承。乡土的各种农作物产业基地也是物质文化的生动体现，如各地开展的油菜花节、桃花节等。由产业兴旺带动村落物质文化发展。再如个别村落拥有大量竹林资源，发展生态旅游，对竹制品进行深加工，逐步形成一定规模的产业集群，为乡村的竹文化嵌入新的时代内涵。广大乡村人以自己的创造性精神，活化乡土文化，在乡土情谊纽带和互帮互助中，逐步形成特色的乡村文化。一个乡村的聚居区，真正吸引人的，往往不是乡村的宽阔马路、高楼大宅，而是活生生的具有浓郁生活气息的乡村文化。文化吸引人在于其给人以深刻的灵魂震撼和洗礼。乡村的物质文化是共同的乡村记忆，实际上每个村落都有自己独特的物质文化。如一口古井、一棵古树、一条小溪、一座祠堂，等等。保存共同的象征记忆，是乡村的文化坚守。当下不少乡村开始自然集资修建一座古桥、呵护一棵古树等，这些文物制度实则都是为了维护共同的文化记忆。

当下有逆城市化浪潮，实际上为乡村文化发展提供了重要契机。换句话说，乡村文化真正迎来了自身独立性发展的机遇。当初，改革开放的浪潮席卷农村，各路人马走出乡村，到外地打工赚钱。几千年来，人们首次不再黏在土地上，不再只从土地上讨生活，土地神失去了很多供奉者。与此同时，沿海发达地区的城市文化也同样被带到了乡村，乡村的文化建设面临极大的挑战，民心涣散，文化凋敝，各自为政，相互攀比，利益至上，等等。曾经乡村文化就作为城市文化的下位模仿者，乡村文化建设是缺位的、虚无的。城市的文化活动非常多，各种教育培训、博物馆、电影展馆、文化图书馆，等等，而乡村的硬件条件和资源远远跟不上，于是乡村的文化活动似乎就剩下打麻将、闲聊等事务了。但是，当下农村基础设施逐步完善，智能化、信息化设施设备普及开来，大量的城市精英愿意下乡工作，乡贤们纷纷愿意回归乡里，资助乡村发展。逆城市化浪潮给乡村文化发展带来了重要的机遇，其可以通过自身独特的地理位置、人文环境和社会经济发展情况，创造性重塑乡村文化愿景。

相比于基础设施等硬件建设，乡村文化建设属于软文化建设，更是需要合适的人才和队伍才能担当大任。所以，当机遇来临之后，就需要乡贤们努力挖掘乡村的文化课题，重塑乡村文化。相比于政府以及乡村原住民，从乡村文化管理来看，乡贤拥有更为切合实际的文化视野和实践。乡村文化建设不是简单的政绩工程，需要切合乡村实际。以前说文化下乡，电影下乡等，实际上农村的老年人都已不喜欢看些老电影了，何况手机不离手的年轻人呢。有了乡贤的参与，热心的乡村文化建设组委会，很容易就能够组建起来。从品牌塑造来看，乡村的文化品牌是完全可以重塑的，如赛龙舟村、村级篮球赛等，获得普遍的认可。再从人力资源角度来看，乡贤们不仅自身是最好的人力资源，拥有各种专业背景和工作经历，其还在调动其他的人力资源方面具有无可取代的优势。围绕乡贤的人际关系网络中，有各种专业资源背景的人才，都能为其所用，从咨询到决策各方面去重建乡村文化。

在当下很多地方，时时归乡的乡贤们，正在以自己微弱而坚定的力量，支持乡村文化建设和发展。乡村历史文化最能凝聚人心，乡贤们曾奔走他乡，魂牵梦绕的都是家乡，其不仅是经济发展上反哺乡村，而且也是乡村文化建设的主力军。其是乡村文化共同体的引领者，以乡村人淳朴、厚实的文化态度，建图书馆、展览馆，组织文化仪式活动，等等，现代新型的和谐淳朴的桃花源，似乎以更为时尚的面貌出现在乡村的文化舞台上了。

无论个人能够走多远，家乡永远是家乡。现在很多乡村不少乡贤已经自发地组织起来了社会公共服务的组织和网络，通过捐款、投票以及捐赠等各种方式，服务于农民，扶助弱小，修建公共服务设施，等等。类似这样的乡村乡贤文化，已经在广大农村地区如雨后春笋般到处出现了，这是新型的乡村和谐文化，是乡村淳朴、厚道的文化遗存。同样，美丽乡村建设也可以类似的模式实现。在乡贤的引导下，很多乡村改变了脏乱差的模样，变得干净整洁。这种乡建人自发组织起来的"理事会"，更具有内生的驱动力量，推动美丽乡村建设。乡建文化，必定在中国遍地生花。

创新求变是乡村特色文化发展的必由之路。从文化开发来看，是需要乡贤们主动发扬反哺精神，通过塑造文化符号、构建文化故事、倡导文化节目、主持文化仪式、开展文化活动等，形成自己村落的特殊文化形态。这不仅仅是修几个祠堂之类，而是重新"编写"文化记忆，活化文化遗产，通过大众积极参与和倡导，建设乡村特色的文化村。如某地乡村的乡贤，主动出资并组织乡村庙会、游览等活动，盘活当地文化资源，提升节日的庆典活动品质等。广大人民群众都有强烈的文化活动需求，不少地方自发性出现聚集文化活动，如乡村篮球、摔跤、祭祀、赛龙舟等活动。但这些活动往往品质不高，组织无序，而需要进行有效的提升和改进。李耕说："介乎本地与外界、民众与政府之间的结构性位置，让乡贤成为天然的沟通桥梁。"[1] 乡村软文化建设，乡贤的作用和地位无可替代。

可以看到，乡村文化节活动，更是丰富多彩。相比

---

[1] 李耕《乡贤回乡与资本下乡：双重逻辑下的乡村遗产实践》，《文化纵横》，2022年第4期。

于大城市，乡村对于文化活动也有得天独厚的优势。诸如归乡人的定时聚集、宽阔的场地或河道等，都为丰富多彩的文化活动提供了便利。在乡贤的引领下，实际上不少农村地区已经形成了颇具规模的节日文化。如鱼米之乡的赛龙舟活动、大草原上的赛马摔跤等活动，这些乡村节日活动，丰富了广大农村的文化生活，为闲暇时光找到了集体情感的聚合点。当然，乡村文化需要合适的引导和组织，如乡村篮球赛，以体育健身文化为契机，丰富乡村业余生活，为老百姓增添生活乐趣。不依靠资本，也不依靠市场，乡贤们仍然能够带领乡村文化创造性重生。

五、美好生活的实现路径

对美好生活的向往和追求，是人类的根本生存状态。当美好生活的需要成为普遍追求的时候，经济社会发展已经到了一个新阶段了。美好生活意味着人与人、人与自然之间建构起诗意般的美好关系，是万事万物生生不息的和谐共生，是审美日常化的生活智慧和社会人生。一直以来，中华民族都在追求和向往着美好生活，从大同理想到桃花源，等等，人们渴望并追求着那和谐而美好的社会。中华美学精神是一种生生不息的现世美学精神,同时又具备诗意盎然的超越性特征,有别于西方民族的自然、社会生活智慧,可以说是与美好生活的向往同构共生的。古人追求的美学精神,诸如生命的大化流行、参天地、赞化育、天地有大美而不言,等等,实际上日常生活中百姓日用而不知,日出而作,日落而息,黄发垂髫怡然自乐,等等,春耕、夏种、秋收、冬藏,都是大美大善。其中生生不息的日常美学,何尝不是特定时空下的美好生活呢?建设美丽乡村、美丽中国,摆脱审美贫困,肯定是不能脱离中华优秀传统文化的肥沃土壤的。传承和弘扬中华优秀传统文化,在世界文化强林中站稳根基,也是需要弘扬和传承中华美学精神的。几千年来形成的中华美学智慧,更是中国老百姓的生活智慧。所以,不同于西方的或重感性或重理性的美学精神,中国的美学精神更提倡劳动创造美、美在生活、日常生活审美化、诗意的栖居等。这有别于人类中心主义和世界中心主义的偏颇,而是提出人与世界的天人同一,是彼此的融合、和谐和相通。

对美好生活的向往,是中国式的生活智慧,还包括崇仁爱、尚和合、孝老爱亲等传统,以几千年优秀传统文化形成的美学智慧,构筑了民族精神的脊梁,可以说是中国精神、中国力量。先富带动后富,乡贤具有主动下乡和反哺的冲动和能力。相对而言,他们对生态文明、美好生活有更深刻的理解，带领广大人民群众，努力追求人生的美化、艺术化而不自知，当其在丰富多彩的生活中汲取营养时，实际上却在书写建设美丽乡村的伟大实践，知情意行统一，展现了乡村人的审美风范。

对美好生活的向往和追求，是摆脱审美贫困的实践特质，是广大乡村人知情意行的统一，具有历久弥新的精神活性。在快速实现工业革命之后，中国式农村现代化发展道路，必然呈现出很多特点。如大量的智能化、信息化产业下乡，城乡融合，等等。由此带来的效应，必然深刻影响农村面貌。这一切的原动力，来自人民群众对美好生活的追求和向往。社会时代飞速变化，城市的繁荣和匆忙，让人们对美好生活的追求有了走向乡村的想法，乡村有城市不可比拟的优势，而乡村这种美好生活，是通过改善人居环境、生态状况以及文化实力可以实现的。乡贤返乡，实际上就是给乡村美好生活带去了活水源泉。

美丽乡村应该拥有田园诗般的美好生活，"登山则情满于山，观海则意盈于海"，乡村山水田园中的一切，都是充满感性和温度的，是美好的，是讲究情义的精神家园。马克思曾经分析过，在资本主义社会，人的需要往往归结为维持最必需的、最可怜的肉体生活需要，除此之外没有其他需要，并将之作为生活以及人的存在的全部,换句话说,人被当成了没有感觉、没有需要的存在物,变成纯粹的抽闲的机械运动。于是,资本就要求人们克制、穷困和节约。但是,作为真正的人,是需要学习、上剧院、舞会和参观的,需要想象、爱、理论、唱、画、击剑,等等,是有人的情感意义和价值体系的,或应该说成为诗意的人。

马克思说人的本质力量对象化的过程中,美也就出现了,其美学何尝不是人学呢?基于中华美学精神的国人,在乡村实践中,完全可以拥有最高级的生命意义、文化意义等,是中国人的审美追求,或者说中华文化共同体在对美好生活的追求上,继往开来,奔流不息。乡村的可持续性发展,是对乡村美好生活的不断追求和实现,唯有如此,才能实现乡村美好生活的创造性再生,成为现代人的灵魂归宿和精神家园,于此家园中,进入自由自在、任情适意、逍遥无拘束的大彻大悟境界,由此构筑文化自觉和文化自信。

结语
JIEYU

美丽乡村的"美"是客观的,还是主观的?是个人的,还是全体的?

面对这个理论难题,实际上马克思早已给出答案。他认为,美不在客观存在,也不在主观判断,而在人的本质力量对象化,是对自身本质力量的展开和确证的实践。或者说,人的本质力量与审美对象在对象化过程中互为前提和规定,并彼此适应和敞开。对每个人来说,"美"都是塑造和生成的过程,有无限的可能和空间。建设美丽乡村,并不是建设一个客观存在的"美丽"终点和结果,也不是以各种"美丽"的物化形式,满足每个

结语

人审美趣味，以获得赞誉。

实际上，建设美丽乡村，可以看作是一个历史生成的过程或存在。根据马克思主义审美思想，建设美丽乡村，要对"美"进行溯源的话，只能来自人的社会性存在、物质生产和精神生活的过程中，在人类的社会物质感性活动中，在人的本质力量对象化过程中获得论证和解释。建设美丽乡村是一个长远的历史过程，与未来美好生活状态的构建息息相关，也是一个追逐人性自由和精神解放的过程，与人类的社会理想紧紧走在了一起。所以，乡村没有绝对的美，一个时代有一个时代的美丽乡村。

后记
HOUJI

不惑之年后，或许是对学术的体会更为深刻了。自省这么多年来，从未浑浑噩噩，只是人生多歧路，命运的齿轮不停旋转，唯有保持精进、有为，方能对得起若干年的努力和执着。这些年自己做了很多事，文学的、哲学的、审计的、财务的、化工的，兜兜转转，还是不忘初心。写写书，搞点文字创作。这几年没有了"著书皆为稻粱谋"的压力后，慢慢写来，算是一种莫大的福气。

本专著为重庆市教委人文社科2021年度规划项目（编号：21SKGH133）成果，是为记。

2024年5月于江北大石坝